数据中国"百校工程"项目系列教材

数据科学与大数据技术专业系列规划教材

准职业人导向训练
教程（一）

基础能力认知与培养

曙光瑞翼教育合作中心职素团队 ● 编著

BIG DATA
Technology

人民邮电出版社

北京

图书在版编目（CIP）数据

准职业人导向训练教程. 一，基础能力认知与培养 / 曙光瑞翼教育合作中心职素团队编著. -- 北京：人民邮电出版社，2018.8（2022.10重印）

数据科学与大数据技术专业系列规划教材

ISBN 978-7-115-48814-5

Ⅰ. ①准… Ⅱ. ①曙… Ⅲ. ①职业道德－教材 Ⅳ. ①B822.9

中国版本图书馆CIP数据核字(2018)第163828号

内 容 提 要

本书从学生的素质现状与教育本质出发，遵循职业基本素质养成的基本规律，以行动为导向，以任务为载体设计教学内容。

全书内容涵盖 6 个方面：学习能力、表达能力、沟通能力、团队合作能力、信息搜集处理能力和职业形象意识，它们是职业基本素养所涵盖的职业道德、职业态度、职业发展的具体体现。书中涉及的案例、调研项目、情景体验等内容与大数据专业对应的岗位紧密相关，都是围绕实现"职业素质＋专业能力"的人才培养目标而选取的。

本书可作为校企合作大数据、云计算、人工智能相关专业方向的职业素质教材，也可供职场人士阅读使用。

- ◆ 编　　著　曙光瑞翼教育合作中心职素团队
  责任编辑　邹文波
  责任印制　彭志环
- ◆ 人民邮电出版社出版发行　　北京市丰台区成寿寺路 11 号
  邮编　100164　电子邮件　315@ptpress.com.cn
  网址　http://www.ptpress.com.cn
  北京七彩京通数码快印有限公司印刷
- ◆ 开本：787×1092　1/16
  印张：12.5　　　　　　　　2018 年 8 月第 1 版
  字数：257 千字　　　　　　2022 年 10 月北京第 8 次印刷

定价：39.80 元

读者服务热线：(010)81055256　印装质量热线：(010)81055316
反盗版热线：(010)81055315
广告经营许可证：京东市监广登字20170147号

准职业人导向训练教程
编 委 会

策　　划：刘　波

主　　编：刘　波

副 主 编：高向楠　李　莉　刘　婧　江　杰　李　俭

　　　　　徐朝友　王超群

编　　审：刘　波　高向楠　赵云霞　刘鸿博

教学资源：刘　波　高向楠　李　莉　王超群　徐朝友

　　　　　李　俭　江　杰　刘　婧

（以上排名不分先后）

公司寄语

——写给进入大学的你们

转眼间，我进入职场已经超过 20 年了。20 年来，我经历了外企、国企、创业，从普通员工到管理干部，直到成为企业领导。我的经历并非一帆风顺，也非一路荆棘。有时，我想，如果有时间机器，让我可以穿越时光给 18 岁的我一些建议的话，我会告诉我自己什么信息，让我可以更好地为未来的生活做好准备。我想说的很多，但其中一定有这些内容：首先，不要浪费你的大学时光，多学知识，多读书、读好书，尽可能多地增加生活阅历和社会阅历，尽早地找到自己的职业兴趣，尝试做好规划；其次，相信天道酬勤的道理，付出肯定会有收获，所以要学会努力，学会坚持。

一个人最大的幸运，不是捡钱，也不是中奖，而是有人可以鼓励你、指引你、帮助你，让你发现更好的自己，走向更高的平台。其实限制你发展的往往不是智商和学历，而是你所处的生活圈和身边的人。你接近什么样的人就会有什么样的路。穷人教你节衣缩食，小人教你坑蒙拐骗，牌友只会催你打牌，酒友只会催你干杯，而成功的人会教你如何取得成功。贵人，并不是给你带来利益的人，而是开拓你的眼界，纠正你的错误，给你带来正能量的人。请你一定要相信：所有浪费了的终归是要还的。

生活中总有人先知先觉，有人后知后觉，大部分人却是不知不觉。我们无法帮助每个人先知先觉，但我们想尽力帮助不知不觉的人可以早点知觉，为未来早做准备。

我们编写本书的目的是希望告诉每一个同学，社会除了对你们有知识和技能的需求外，还有别的期待和要求。在过去的 20 多年职场中，我见过太多有天赋的年轻人由于职业素养的缺乏，在遇到挫折时失去好的发展机会，也有太多先天并不出色的年轻人在良好的职业态度的驱动下，快速成长，成就一番事业。职业素质的要求太过重要，以至于在大学教育阶段，我们把职业素质的培养提升到了与专业课同样重要的位置。我希望同学们都可以真正地认识到这门课程的重要性。

如果我是 20 年后的你们，穿越时光回到今天，可以和你们长谈，我一定告诉你们：认真学这门课程，理解和掌握课程的内容，它会成为你们未来扬帆职场的利器，这是我送给你们的锦囊之一。

在此，感谢本书编写团队成员的不懈努力！

曙光·瑞翼教育合作中心总经理　谢鸥

2018 年 6 月

序言

——扬帆起航，你准备好了么

当你带着录取通知书走进大学校园，就意味着你正式告别了中学，成为一名大学生。你们放下了高考的重担，开始追逐自己的理想；你们离开家的港湾，开始独立的求学生活。也许读大学不能保证你一定能成才，但是你在大学里学习到的每一个知识、走过的每一段路都能给你带来不可磨灭的影响，这个阶段是一个人成长和迈向社会的关键。

大学是一个新的开始，这与你经历过的中学是完全不一样的。中学时期大家学习已有的知识，它们有固定的模式、标准的答案和统一的评分标准，而读大学则是为了探索新的知识、学习新的技能并且拥有新的思想。中学老师会告诉你前人发现并解决了什么问题，大学教授则是培养你具备发现问题和独立解决问题的能力。中学学得好不好，高考说了算；大学学得好不好，用人单位说了算。在中国，听话的好孩子能够得到家长和老师的喜欢，可是，人才市场上的招聘单位要挑选的并不仅仅是好孩子。所以衡量一个人大学读得好不好，我认为，不在于他学到了多少知识和技术，而要看他是否学会了独立思考，是否掌握了某项技能，是否有能力面对大学之后的企业选拔。

在这个机遇稍纵即逝，环境瞬息万变的世界里，企业对人才的要求，已经不仅仅是具备过硬的技术知识，还需要具有良好的职业心理、积极的态度和良好的沟通表达能力。所以，对大学生而言，除了学习成绩以外，还有很多其他方面的能力让你可以去接近成功。这些能力具体到每个人身上也会有不同的体现。要具备这样的能力，仅靠埋头学习、"两耳不闻窗外事"是不可以的，还需要在更多的实践中不断完善自己，提升自己在群体中学习的能力，提升自己与团队合作的能力。因此，我们把大学生的能力培养定义为"准职业人"的培养，应按照企业要求提升大学生的职业素质。

具有良好的职业素质是对 21 世纪人才的基本要求。从"应试教育"到偏重技能提升，到"素质教育"的全面发展，再到以"企业需要有素质的大学生人才"为标准的现实就业观，继而发展到如今"国民素质有待提高"的要求，综合素质也成为了人力资源考察人才的笼统要求。作为大学生——当你们失去大学生的标签，走向社会，参加社会生活，面临的首要问题是就业。可以说，就业是大学生社交的实战场，是其综合素质具体体现的指标之一。

编者通过 6 年的教学实践和调查，在同时满足用人单位和学生发展要求的基础上，总结提炼出 7 项职业素质作为校企合作班级学生必备素质的内容，以提升其就业竞争力为目标，来完成本专业学生的职业素质教育。

职业素质教育课程从学生的素质现状与教育本质出发，着眼于本专业学生职业适应能力的提高以及职业素质的养成。编者设计的思想是，职业素质不是一朝一夕可以培养完成的，需要学生在校期间养成良好的习惯，经过不断完善、不断深化，同时还需要与专业课程相互融合、相互促进，最终实现"职业素质+专业能力"的人才培养目标。

本课程主要针对百校工程·产教融合·数据科学与大数据技术专业的学生。课程遵循学生职业素质养成的基本规律，以行动导向的工作任务为载体组织教学内容，科学地设计了教学任务，使教、学、做有机结合，实现理实一体化。课堂教学部分根据实际情况设定具体课时，每个单元内容都按照工作过程整合、细化成若干个教学任务，每个任务都注重职业素质的养成。实践教学部分则通过校内外的实训活动，强化学生对职业素质的认知与体验，固化职业行为。

本书共 8 章，由刘波制订教材大纲，设计职业素质人才培养方案。其中序言、教学建议及第一章"我的大学我做主"由刘波编写，第二章"学习能力的提升"由王超群编写，第三章"大学生行为礼仪规范"由徐朝友编写，第四章"基础表达"由江杰编写，第五章"沟通始于心"由李莉编写，第六章"认知团队，备战未来"由高向楠编写，第七章"信息搜集与处理能力提升"由李俭编写，第八章"翻转课堂——调研"由刘婧编写，公司寄语由曙光·瑞翼教育合作中心总经理谢鸥执笔。在本书编写的过程中，编者参阅了大量职业素质方面的书籍以及优秀的案例，在此向所有参与编写的老师们和参考文献的作者表示衷心的感谢！

由于编者水平有限，书中难免存在错误和疏漏之处，敬请广大读者批评指正。

编者
2018 年 6 月

教学建议

教师可以根据学校与专业的实际情况确定"准职业人导向训练"课程的性质和学时，纳入人才培养计划，如辽宁科技学院的曙光大数据学院就将这门课程作为特色核心课，必修，分 6 个学期开设。教学内容可根据实际情况进行延伸。职业素质课程应区别于传统教学，实施以学生为中心的教学理念和教学方法。

建议本课程采用以下几种特色教学方法。

1. 小班授课，团队学习

小班授课有大班课堂无法替代的优点，可以更好地把控课堂纪律，充分调动课堂气氛。在授课过程中建议把一个小班划分成几个小组，每组 5～7 人，形成一个团队，甚至模拟一个企业，制订相应的 KPI 制度，以虚拟工资的形式激励每个团队，以此进行职业素质的学习和训练。让每一个学习型组织的成员形成强烈的归属感和集体荣誉感，同时让每一个成员都能找到适合自己的位置。团队学习可以在课堂上进行，也可以延伸至户外，但团队的学习成果必须要带到课堂上与大家分享，届时每个小组的代表将各组的成果在课堂上予以展示和说明。这种学习模式能在团队中形成一种积极向上的学习氛围，让所有成员共同进步和提高。

2. 实施带有企业色彩的订制化培养

企业培训与学校上课最大的区别在于形式多样，学员的参与程度深，强调体验。在授课过程中，我们也可以适当地转变上课方式和风格，变"上课"为培训，丰富教学形式。比如，拓展中一个小小的"破冰"环节，就可以大大拓展授课老师的教学空间；与此同时还可以将企业引入校园，做一些专家主题讲座，与现场专家互动，把岗前培养前移，实施带有企业色彩的订制化培养。

3. 体验式教学

在教学方法上，建议采取开放性原则，以"学生主动参与、体验式教学"为导向，改变讲授与灌输的传统模式，代之以更多的案例、故事、游戏、视频和活动，减少纯理论性的知识，代之以可落实到日常行动的操作方法，让学生有更多的机会来讨论、观摩、模拟、实操和体验，并且引导学生反思。教师作为参与者，而不是权威者，其作用在于推动学生进入更高阶段，所以在具体教学实践上，建议教师通过"任务"来启发，加强和维持学习者的成就动机，通过布置任务、完成任务的方式督促学生进行学习。例如，提前1周布置任务，以小组为单位制作 PPT 或相关展示资料；小组派代表面向全班同学进行讲解；针对备课内容、讲授情况进行小组互评、导师现场点评；通过竞赛、辩论等多种形式的小组对抗，让学生在准备资料过程中完成学习。

4. 建议定期开展行业课题调研，了解企业对员工的职业素质要求

为了更好地了解我们的专业领域，也为了将来能更加契合企业的需求，建议教师可以经常带领学生开展一些大数据专业相关的行业、职业、岗位的课题调研。以小组为单位，通过现场访问、网上调查、资料收集、电话调研等形式采集资料；然后统计分析，写成调研报告；最后进行成果展示，并且将优秀调研成果在校园宣传刊物上刊登。既让学生了解企业的用人需求和自己努力的方向，也能锻炼学生的综合能力。

5. 加强课程延伸训练

在课程实施过程中，可以适当地将某一课程目标嵌入到日常学习和生活中进行训练，直至形成习惯。以"职场礼仪"内容为例：授课结束后，将设定每周其中一天为"职场礼仪日"；组建"职场礼仪日"检查委员会，定期检查本学院学生礼仪并记录；检查记录作为课程考核分值。在实施过程中没有特定形式，主要让学生能通过课程的延伸养成好的习惯。

6. 建立师生互动交流渠道

网络已深入人们生活，现有的教学的手段也需要更新，通过 QQ、博客、邮箱、微信、直播等形式与学生交流，学生们会更容易接受。教师也可以为这门课程开设专门的电子邮箱，一方面便于学生以小组为单位在网上提交作业，另一方面便于学生通过电子邮箱与老师交流。这种方式可以加强师生之间的沟通交流，有助于建立良好的师生关系。

最后，课程开发团队全体人员也希望同学们能根据自己的专业发展方向确立适合自己的职业生涯规划，有效提升自己的学习效率，积极地投入到"准职业人导向训练"课程中去，确保最终能够根据自己的职业规划养成相应的职业素质。

目 录 CONTENTS

第一章　我的大学我做主

本章重点

√ 学会适应新的环境
√ 了解与大数据专业相关的岗位
√ 完成从学生到"准职业人"身份的转变

本章难点

√ 调整进入大学的心态
√ 规划自己的大学学习生涯
√ 树立"准职业人"意识

在充分响应"产教融合"的教育改革发展模式，引入校企合作机制的同时，我们需要思考该培养学生哪些方面的能力和素质，以及如何去培养？就业不是我们教育的最终目标，但学生能否找到一份理想的工作却是考量我们教育是否有成效的标准之一。同时，作为教育者，所实施的教育必须为学生将来的发展奠定基础，这也是职业素质教育的最终目标。

通过对本章内容的学习，学生能更好地适应新环境，同时也能够认识到把自身定义为"准职业人"的重要性，树立"准职业人"意识，把握职业人应具备的素质，更重要的是能让学生了解大数据专业的优势与发展前景，在大学期间能为自己找一个目标，规划好自己大学的学习生涯。

第一节　嗨，崭新的大学生活开始了

一、大学生活，你准备好了吗

越过高考这无烟的战场，十几年的努力拼搏，只为这一刻能够走进自己梦想的校园，开启人生新的篇章，用知识改变命运。来到憧憬的大学，春风得意，踌躇满志，你迎来了崭新的大学生活，并对大学四年的日子充满美好幻想。你也许曾无数次憧憬过这座象牙塔，心里也默默计划着自己能够在这里过着无忧无虑的生活，满怀梦想和抱负——未来的路已经在你脚下。如果说人生是一本书，那么大学生活便是书中最美的彩页；如果说人生是一台戏，那么大学生活便是这部戏当中最精彩的一幕。而这时，你已经扬起了航帆，正奔赴你期望的彼岸……

这是一个新的起点，新的平台，当大学生活的画卷铺开时，你会发现大学是一个充满自由和梦想的地方，同时又会发现这是一个充满竞争和挑战的舞台。每个人都在这个舞台上扮演着不同的角色，在享受角色带来的新鲜和喜悦的时候，也发现在这个小小的社会里，人际关系不再像中学时代那么简单，学习也由以往的老师严格督促变成自我约束和自我安排，上课的方式也由以往的固定教室变成在这栋上完一节课再赶往另外一栋楼上下一节课……慢慢地你才会发现，原来理想中大学生活与现实中的大学生活，还是会有些不一样……

大学生活环境和习惯的转换确实会让人产生迷茫，但理想和现实是相对的，理想给你提供一个前进的方向，你是为了实现梦想而进入大学的，因此，你应该调整好心态，尽快地适应新的生活环境、新的学习方式、新的人际关系，为将来步入社会奠定良好的基础。

二、大学不等于高中

成为一名大学生以后，校园便是你走向社会的最后准备基地，而"读大学"将是你未来几年的主要任务。"读"是动词，"大学"是宾语。可是，"大学"如何能够作为"读"的对象呢？在大多数人的印象中，大学就是一个由老师、学生、草木、池塘、图书馆、篮球场、足球场、学生宿舍等元素构成的一个集合。你将要花掉四年的青春和学费来这个叫作"大学"的地方读书。有人说，大学要读的不只是书。曾经有这么一个说法：

读小学时，有人说："你要是不好好读书，将来就考不上初中。"

读初中时，有人说："你要是不好好读书，将来就考不上高中。"

读高中时，有人说："你要是不好好读书，将来就考不上大学。"

读大学时，有人说："你要是不好好读书，将来就找不着工作。"

工作时，有人说："你在学校的时候是不是光顾着读书了？真浪费！"

那怎么样读大学才不浪费呢？

大学不等于高中，高中学得好不好，高考说了算；大学学得好不好，用人单位说了算。高中是在高考的指挥棒下读书，衡量读书好坏的唯一标准就是考试分数，而考试是有标准答案的，答案的唯一性决定了中学时期要求更多的不是能力，而是知识。知识是确定的，不允许被怀疑的。大学却没有与高考一样的考试大纲，大学的考试不再像中学那样用标准的答案来衡量分数。如果说中学是学习已有的、确定的知识，大学则是通过掌握的知识去探索未知的、不确定的领域；高中老师教你解决什么问题，大学则需要你自己去独立地发现问题、解决问题。而后者便是企业需要你具备的能力。知识不等于能力。知识固然重要，它是能力的必要条件，却不是充分条件。如果知识无法上升为能力，那么，企业也不会愿意聘用这样的人。

所以，读大学应该是用读的姿态面对大学。在学习上，通过上课、自习、听讲座等方式来获得知识和思想，掌握扎实的理论，使自己的知识面得到扩展；在社会实践上，通过参加各种活动来提高自己的认识，锻炼自己的能力，培养自身的综合素质；在生活上，有健康向上的兴趣爱好；在思想上，有正确的思想道德价值取向，有明确的奋斗目标。"大学者，囊括大典、网罗众家之学府也。"在大学里，学识渊博的老师可以成为你交流学习的最佳对象；图书馆是你丰富知识的绝佳平台，在这里囊括了千百万人的思想结晶，汇集了现代最前沿的科学知识；校园的各类社团活动则为你提供了展现自我的平台，让你能提前体验各类职业角色，从中你可以找出适合自己的工作方法，了解作为职业人应具备的素质。读大学不仅仅是学好专业技能，更重要的是同时要学会独立思考和培养解决问题的能力。

三、不再迷茫

随着大学门槛的降低，大学生不再是天之骄子，而我们曾经引以为傲的大学文凭也有了另一种诠释，这一纸文凭仅仅能证明，我们顺利地通过了大学里所有的课程理论知识考核，并不能确保你一定能从事某项工作。这时候可能有相当数量的同学有些沮丧：当读了大学的人的数量大幅度超过了没读大学的人的数量的时候，我还有前途吗？答案是：当然有！

你处在一个信息大爆炸的时代，就拿现代社会的飞速发展来说，新兴技术的不断更新换代，让我们意识到，学历固然重要，但其实更重要的是你持续学习的能力和与时俱进不断创新的精神。近年来，随着云计算和大数据技术的兴起和快速发展，大数据俨然成为 IT 领域最受关注的热词之一，中国拥有世界上五分之一的人口，同时中国的发展正处于快速的上升期，产生的数据将是巨大的，在未来将可能成为大数据最重要的市场之一。而海量的数据对大数据的发展将起到促进的作用，如今大数据技术应用已经融入了各行各业。随着金融、电信、公共事业、能源、交通、制造等行业快速步入大数据时代，继而许多领域都出现了对大数据专业技术人才的需求。你所选的专业是否热门成为你将来能否顺利就业的一个关键，有时与学历相比，选择合适的专业对找工作可能更重要。近几年来，博士生、研究生、本科生同台竞争的场面越来越多，在这种情况下，很多时候大家拼的不仅是学历，还有专业和能力。

现在的社会是一个高速发展的社会，科技发达，信息流通，人们之间的交流越来越密切，生活也越来越方便，大数据就是这个高科技时代的产物。随着大数据越来越多地与各种新技术结合，涉及的领域也越来越广泛，相信有很多同学是在高考前冲着"大数据"这个热门专业而来的，而在进了大学后，又会有很大一部分同学对未来比较迷茫或担忧。因为大多数企业级客户还处于对大数据及其分析的探索初期，也许将来我们需要面对极为复杂的行业应用场景，但其实大数据时代开启的是人类社会利用数据价值的另一个时代。大数据的"春天"已经来了，但这一次春天也不会普降甘露，而只是滋润那一部分有准备的人。

所以，你不要灰心，很多企业遴选新员工的要求是具备一定的"学习能力、表达沟通能力、逻辑思维能力、团队合作精神"等，也许你在专业能力上很难做到一毕业就能符合企业的用人要求，但是你的大数据专业在学校与企业通过校企合作的模式，运用企业师资进行实践授课，同时增加职业素质课程，培养学生的综合能力，能大大提高学生的就业竞争力，拉近应届毕业生与企业的距离。对我们而言，如果找到自己的兴趣所在，并且愿意钻研，扎实学习专业课程，并且注重提升自己的综合素质，面对巨大的大数据云计算和大数据人才需求缺口，一定能找到你心仪的工作。

第二节　聚焦大数据

大数据时代的出现简单地讲是海量数据同完美计算能力相结合的结果，确切地说是移动互联网、物联网、系统日志产生了海量的数据，大数据计算技术完美地解决了海量数据的收集、存储、计算、分析的问题。大数据技术开启了人类社会利用数据的新时代。

一、什么是大数据

随着云计算、互联网、物联网等技术的快速发展，大数据（Big Data）吸引了越来越多的关注，成为社会热点之一。那么，什么是大数据呢？麦肯锡全球研究所对"大数据"给出的定义是：一种规模大到在获取、存储、管理、分析方面大大超出了传统数据库软件工具能力范围的数据集合，具有海量的数据规模、快速的数据流转、多样的数据类型和价值密度低四大特征。

从另外一个角度来说，大数据是指不用随机分析法（抽样调查）这样的捷径，而采用对所有数据进行分析处理的新的数据处理方式。与传统的 BI 数据分析相比，大数据分析能力更强，处理速度更快，更适用于在互联网时代下，各行业对海量数据快速分析、处理的需要，因而备受重视。

1．大数据时代出现的新数据类型

（1）过去一些记录是以模拟形式存在的，或者以数字形式存在但是存储在本地，不是公开的数据资源，没有开放给互联网用户，例如，音乐、照片、视频、监控录像等影音资料。现在这些数据不但数据量巨大，并且共享到了互联网上，面对所有的互联网用户，其数据量之大前所未有。例如，Facebook 每天有 18 亿张照片上传或被传播。

（2）移动互联网出现后，移动设备的很多传感器收集了大量的用户点击行为数据。如 iPhone 手机有三个传感器，三星手机有六个传感器，它们每天产生了大量的点击数据，这些数据被某些公司拥有，形成大量用户的行为数据。

（3）电子地图（如高德、百度、Google 地图）出现后，产生了大量的数据流数据，这些数据不同于传统数据，传统数据代表一个属性或一个度量值，但是这些地图产生的流数据代表着一种行为、一种习惯，这些流数据经频率分析后会产生巨大的商业价值。基于地图产生的数据流是一种新型的数据类型，这种数据类型在过去是不存在的。

（4）社交网络出现后，互联网行为主要由用户参与创造，大量的互联网用户创造出海量的社交行为数据，这些数据是过去未曾出现的。它揭示了人们的行为特点和生活习惯。

（5）电商的崛起带来了大量网上交易数据，包含支付数据、查询行为、物流运输、购买喜好、点击顺序、评价行为等，其次还包括信息流和资金流数据。

（6）传统的互联网入口在转向搜索引擎之后，用户的搜索行为和提问行为聚集了海量数据。单位存储价格的下降也为存储这些数据提供了经济上的可能。

我们所指的大数据不同于传统的数据，其产生方式、存储载体、访问方式、表现形式、来源特点等都与传统数据不同。大数据更接近于某个群体行为数据，它是全面的数据、准确的数据、有价值的数据。

2．大数据产业链

大数据从数据的收集、存储、处理、分析和销毁等方面进行分析，大数据产业链是一个生态闭环。

（1）数据收集。各种数据通过传感器或其他方式被采集的过程称为数据收集。大数据的数据来源除了传统的互联网入口、社交平台、搜索引擎、电商交易数据、在线问答、企业业务数据外，移动互联网的 App 是一个重要的数据入口，例如，通过手机 App 内嵌的 SDK 将手机 App 上的用户行为数据集中进行收集和处理。摄像头采集的数据、导航地图的轨迹数据、物流信息、移动互联网 App 的 LBS 位置数据等都是大数据的重要来源。在数据收集阶段发挥产业链作用的主要是拥有大数据的公司，例如，BAT（百度、阿里巴巴、腾讯）等，它们对大数据采集和存储产品有需求。

（2）数据存储。数据存储主要解决利用何种方式进行数据存储的问题。对于中小企业，云存储是一个不错的选择；对于金融行业和其他对数据保有权较为重视的企业，私有云将是一个不错的选择；政府主导的大数据存储平台也可以作为参考。如果无法采用云平台，采用低端的并行计算机可能是一个经济的方案，但是由于该方案缺乏云操作系统，其存储效率是个较大的挑战。

（3）数据处理。数据处理主要是解决选用哪种数据处理平台的问题。采用 SaaS（Software-as-a-Service）模式的大数据处理平台都可以被考虑。企业在考虑处理平台时建议循序渐进，以企业未来两年内的数据处理量为参考，不建议一次性投资到位，因为数据处理的技术发展是呈几何级数变化的，若两年后需要采用新的技术平台，其投资回报率（Region of Interest，ROI）将会大大降低。

（4）数据分析。对处理完的数据进行商业分析的过程称为数据分析。业务需求和技术需求必须由本企业商业人员和技术人员主导，外部厂商很难了解企业自身的商业需求，但是数据展现形式和分析方式可以交给厂商来做。厂商的数据分析产品主要有传统的商业智能产品和可视化应用产品等。

（5）数据销毁。数据销毁主要解决如何进行数据的安全管理，以及对于不再需要的数据如何进行销毁的问题。鉴于大数据的数据量较大，存储设备可能需要用于存储新的数据，因此可以采用数据索引删除、数据空间多次重写、数据混淆、数据对称加密等方式销毁数据。目前，数据销毁的市场需求不多，因此还没有较为成熟的方案和厂商，未来将会有安全厂商进入此领域。

我国大数据产业的商业模式和行业应用还处于探索阶段，目前其主要的商业形式还是大多数企业自身的大数据应用（例如，大数据计算平台、大数据采集和分析、数据分析报告），数据被当作资产良好地保存起来。而国外有关大数据的投资早在 2005 年就开始了，很多高科技企业已经在大数据产业链上投入巨资进行技术开发和行业应用。

二、学了大数据后能做什么

大数据作为一门学科，已经受到时代的追捧，随着许多大公司对数据分析需求的增多，数据相关岗位的人才需求量也越来越大。但是，可能大多数人都不清楚学了大数据之后究竟能做什么？大数据行业到底有些什么岗位？目前，在国内大数据行业大概有以下几种岗位：数据分析师、数据架构师、数据挖掘工程师、数据算法工程师和数据产品经理。接下来为大家详细介绍各岗位的工作内容。

1．数据分析师

数据分析师是数据师的一种，指的是不同行业中，专门从事行业数据搜集、整理、分析，并依据数据做出行业研究、评估和预测的专业人员。他们在工作中通过运用相应的工具提取、分析和呈现数据，最终获取数据的商业价值。

岗位基本要求：至少能够熟练使用 SPSS、STATISTIC、Eviews、SAS、大数据魔镜等数据分析软件中的一种；能用 Access 等进行数据库开发；能使用一种数学工具软件（如 MATLAB、Mathematics）进行新模型的构建；掌握一门编程语言。总之，一个优秀的数据分析师，应该在业务、管理、分析、工具、设计等方面都游刃有余。

2．数据架构师

数据架构师负责平台的整体数据架构设计，完成从业务模型到数据模型的设计工作，根据业务功能和业务模型进行数据库建模设计，完成各种面向业务目标的数据分析模型的定义和应用开发，以及平台数据的提取、数据挖掘及数据分析。

岗位基本要求：需要具备较强的业务理解和业务抽象能力，具备大容量事物及交易类互联网平台的数据库模型设计能力，对调度系统、元数据系统有非常深刻的认识和理解，熟悉常用的分析、统计、建模方法，熟悉数据仓库相关技术，如 ETL、报表开发，熟悉 Hadoop、Hive 等系统并有过实战经验。

3．数据挖掘工程师

数据挖掘工程师一般是指从大量的数据中，通过算法搜索隐藏于其中的知识和规律的工程技术专业人员。这些知识可以使企业决策智能化、自动化，从而提高工作效率，减少决策错误的可能性。

岗位基本要求：具备深厚的统计学、数学、数据挖掘理论基础和相关项目经验；熟悉 R、SAS、SPSS 等统计分析软件之一；参与过完整的数据采集、整理、分析和建模工作；具有在海量数据下实施机器学习及其算法的相关经验；熟悉 Hadoop、Hive、MapReduce 等系统。

4．数据算法工程师

数据算法工程师在企业中负责大数据产品数据挖掘算法与模型部分的设计；负责将业务场景与模型算法进行融合，深入研究数据挖掘模型，参与数据挖掘模型的构建、维护、部署和评估，支持产品研发团队模型算法的构建和整合；制订数据建模、数据处理和数据安全等架构规范并落地实施。

岗位基本要求：扎实的数据挖掘基础知识，精通机器学习、数学统计常用算法，熟悉大数据生态，掌握常见的分布式计算框架和技术原理，如 Hadoop、MapReduce、YARN、Storm、Spark 等；熟悉 Linux 操作系统和 Shell 编程，至少能熟练使用 Scala、Java、Python、C++、R 等语言中的一种进行编程；熟悉大规模并行计算的基本原理并具有实现并行计算算法的基本能力。

5．数据产品经理

数据产品经理主要负责数据平台建设及维护，客户端数据的分析，协助进行数据统计，数据化运营整理并提炼已有的数据报告，发现数据变化并进行深度专题分析，形成结论，撰写报告；负责公司数据产品的设计及开发实施，并保证业务目标的实现；进行数据产品开发。

岗位基本要求：有数据分析、数据挖掘、用户行为研究的项目实践经验；有扎实的分析理论基础，精通一种以上统计分析工具软件，如 SPSS、SAS，熟练使用 Excel、SQL 等工具；熟悉 SQL、HQL 语句，有 SQL Server、MySQL 等工作经历的优先；能熟练操作 Excel、PPT 等办公软件，熟练使用 SPSS、SAS 等统计分析软件；熟悉 Hadoop 集群架构，有 BI 实践经验，参与过流式计算；熟悉客户端产品的产品设计、开发流程。

大数据作为未来很长一段时间内国内最热门的技术之一，值得你去认真探索。大学是人生的一个分水岭，所以要多听、多学、多实践，而且要尽早找到自己的方向。

第三节　行业、职业与职位

根据中国职业规划师协会的定义：职业=职能×行业，这样才能算是一个完整的职业。职业包含 8 个方向（生产、加工、制造、服务、娱乐、政治、科研、教育），国家对 90 多个常见职业进行了细化分类。职业是一份参与社会分工，利用专业的知识和技能，为社会创造物质财富和精神财富并获取合理报酬作为物质生活来源、满足精神需求的工作。

社会分工是职业分类的依据。在分工体系的每一个环节上，劳动对象、劳动工具以及劳动的支出形式都各有特殊性，这种特殊性决定了各种职业之间的区别。

一、行业、职业与职位概述

1. 行业

行业一般是指按照生产同类或者具有相同工艺的过程提供同类劳动服务划分的经济活动类别，如餐饮行业、服装行业、机械制造行业、通信行业、地产行业、保险行业。

行业是能构造一个完整商业模式的事业。例如，搜索引擎，最初是工具，发展出商业模式后就成了一种行业。

2. 职业

1982 年 3 月公布，供第三次全国人口普查使用的《职业分类标准》依据在业人口所从事的工作性质的同一性将全国范围内的职业划分为大类、中类、小类三层，共八大类、64 中类、301 小类。这八大类是：

（1）各类专业、技术人员；

（2）国家机关、党群组织、企事业单位的负责人；

（3）办事人员和有关人员；

（4）商业工作人员；

（5）服务性工作人员；

（6）农林牧渔劳动者；

（7）生产工作、运输工作和部分体力劳动者；

（8）不便分类的其他劳动者。

在八个大类中，第一、二大类主要是脑力劳动者，第三大类包括部分脑力劳动者和部分体力劳动者，第四、五、六、七大类主要是体力劳动者，第八类是不便分类的其他劳动者。

3．职位

职位即岗位，是组织要求个体完成的一项或多项责任以及赋予个体的权利的总和，是员工在机关或团体中执行一定任务的位置，即只要是企业的员工就应有其特定的职位，职位通常也称岗位。可能不同行业的不同职务岗位名称一样，可能同一行业同一岗位职务不同，这是由企业的性质决定的。职位包括三方面要素：职务、职权、职责。

职务，指规定承担的工作任务，或为实现某一目标而从事的明确工作行为。

职权，指职务范围以内的权力。职权是指管理职位所固有的发布命令和希望命令得到执行的一种权力。职权是古典学者的一大信条：它被视为是把组织紧密结合起来的粘结剂。职权可以向下委让给下属管理人员，授予他们一定的权力，同时规定他们在限定的范围内行使这种权力。

职责，是指任职者为履行一定的组织职能或完成工作使命，所负责的范围和承担的一系列工作任务，以及完成这些工作任务所需承担的相应责任。

二、行业、职业、职位三者之间的关系

职位是人们从事职业的一个载体，比职业更加具体、更加明确。通过所在的职位可以清楚地了解所从事的职业具体信息。一般来说，职位信息包含所在的行业、所在的公司、所在的部门以及具体的职位名称，如医疗行业—北京××健康信息科技有限公司—研发部—临床实验数据分析师。我们可以通过具体的招聘信息，结合行业的发展、公司的大体状况进行分析，再加上对具体职位的任职人员要求，我们便可以非常清楚地了解该职位属于什么行业，做什么事情，需要什么样的人才来做这些事情。表 1.1 所示为医疗行业在大数据方向的部分职位设置。

表1.1　医疗行业在大数据方向的部分职位

行业	职位	工作内容
医疗大数据方向	医疗大数据产品规划师	负责核心产品及其相关技术产品的设计，完成分析、需求调研、产品设计和业务及技术指标的制订，针对产品近期及长期目标制订具体研发计划，并负责推动落实具体目标达成，完成医疗大数据产品规划任务的拆解工作，把控整个研发进度，处理或完善在产品研发过程中的协调工作，能够协调各资源以确保研发顺利进行
	医疗大数据产品分析师	基于医疗大数据领域的业务整体定位，面向医疗、卫生、健康行业提供服务或产品的业务分析。在满足业务流程的前提下，以服务业务部门为宗旨，对 IT 工具的功能和易用性负责，发掘、分析和转化业务部门对 IT 的需求，对需求转化并出具原型图和需求说明书，对接 IT 系统开发团队，充分表达业务需求，与之共同转化成产品开发计划并跟进开发进度
	机器学习工程师（医疗方向）	根据应用需求，研发不同问题的机器学习算法和解决方案，处理在研发过程中出现的各种问题并在一定的时间内处理完毕，及时交付方案
	医疗大数据开发工程师	负责健康医疗大数据平台相关组件的设计、搭建和维护，对远程的医疗信息系统的数据收集、处理、存储进行方案设计和开发，利用分布式计算集群对数据进行分析、挖掘、处理并生成报表；负责 Hadoop 相关业务的性能优化与提升，集群性能优化，不断提高系统运行效率，进行大数据技术培训以及相关项目交付，对客户或团队成员形成知识转移
	医疗大数据挖掘算法工程师	在对临床试验数据和病人记录进行分析后，大数据技术可以对病人的药物进行重新定位，或者实现针对其他适应症的营销；实时或者近乎实时地收集不良反应报告，促进药物警戒（药物警戒是上市药品的安全保障体系，对药物不良反应进行监测、评价和预防）；开发数据分析处理软件，协同团队完成系统的集成和组装，协助完成排期算法的需求分析，负责样本数据的分析，验证算法输出结果是否符合需求预期，深入理解业务和运营需求；负责算法和技术方案及相关报告的撰写；负责对大数据的数据推算模型建模，编程实现算法对生产、销售、成本预期进行推演，同需求、技术团队紧密合作，确保算法产出在有限要求下符合性能指标；负责研究业务交易数据、基础数据、生产过程数据，探索新的数据应用价值
	医疗大数据产品经理	围绕医疗大数据进行整合，在数据处理与分析、临床辅助诊疗、影像智能诊断、自然语义分析等方向开展技术研发与应用创新；负责数据抽取、转换、加载等 ETL（Extract-Transform-Load）工作，对临床数据质量、准确性进行检查、清洗、校验、整合，与合作的医疗机构、大数据集成厂商等协作配合，保障数据的有效整合

通过表 1.1 我们可以看出，对大数据专业而言，单在医疗行业这个领域就有这么多岗位，随着未来大数据技术的不断成熟，应用领域也会不断增加，岗位的数量也会越来越多，职业和岗位选择面也会越来越大。

第四节　树立"准职业人"意识

绝大多数大学生会在毕业离校之前解决就业问题，可也有一部分大学生直到毕业离校，拖着行囊走出校园时都还不知道应该去往何方，毕业即失业……

一、为什么大学生就业那么难

大学生就业难已经成为最受关注的社会焦点之一，关于大学生就业难的原因，也早已众说纷纭，总结起来无非就三点：第一，高校大规模扩招；第二，人才市场供过于求；第三，学生自身综合素质达不到企业的要求。

第一方面，持续不断的高校扩招在客观上确实是大学生就业难的一个原因，但从全社会的角度来看，我国的大学生比例仅占整个国家人口的 5%～6%，而发达国家这一比例可达 30%～40%，加拿大的大学生毕业生人口占到了国家人口的 50%。对比之下，我国大学毕业生占国家人口的比例仅有发达国家的 1/8，所以，我国的大学生并不是过多。从某种意义上来说，高等教育从精英教育转变成大众教育是经济现代化的必由之路，我们不能将大学生就业难简单地归咎于高校扩招。

第二方面，企业对于人才的需求与学校培养的人才技能不匹配，在这种时候，人们往往习惯把原因归结于供给过大，而不是考虑需求是否太少。智联招聘曾针对 2013～2016 年的本科毕业生做过一项"毕业后的第一份工作"的特别调查，结果显示，52.6%的毕业生进入了民营企业，只有 16.2%的毕业生进入国有企业。腾讯网也针对一万多名毕业生做了类似的调查，发现有 54.4%的毕业生进入了民营企业，而进入国有企业的只有 19.7%。中小民营企业为大学毕业生提供了将近 80%的岗位，但是很多大学生都想着进国企，甚至一部分毕业生认为，上了大学就要想办法捧到一个"铁饭碗"，旱涝保收，衣食无忧，把就业单位的性质看得过重，想一锤定音，找个稳妥的工作。"一次就业定终身"是很多人的就业愿望。但国企毕竟僧多粥少，能提供给大学生就业的岗位本身就不多。所以，我们不能把大学生就业难的原因归结于供大于求。德国联邦劳工局下属研究机构一项调查发现，在德国失业人数超过 400 万的大背景下，德国高校毕业生却仍然就业前景良好，其重要原因是德国在研发、管理、咨询和教育领域等需要大学生的工作岗位在不断增多。另外，我国有些大学生把企业性质看得太重，将职业的稳定性当作择业的唯一标准，置于至高无上的位置，将任何具有风险的职业都排除在选择范围之外。

前面两个方面都是客观存在的现象，重点来谈谈第三个方面——学生自身综合素质达不到企业的要求。人才的竞争，是人才素质的竞争，当今社会所需要的是全面发展的复合型人才。一部分学生在大学里不懂得珍惜大学时光，不思进取，把无知当个性，学习不上心，玩游戏很痴迷，四年下来什么也没学会，能顺利毕业就很不容易了。另一部分学生缺乏明确的目标和适合自己的职业规划，想努力却不知道把精力用在什么地方，听说参加各类社团活动对求职有好处，就鼓足干劲乐此不疲，听说学历越高就越好就业，就义无反顾地想着再考高学历。这一类同学郁闷而茫然，等到就业时不知道自己能做什么，也就谈不上竞争力。还有一类同学不谈恋爱，也不睡懒觉，整个大学期间都在争分夺秒地刻苦奋斗，上课专心致志，老师推荐什么书就读什么书，但都只满足于完成应学的课程……这是大学生当中大部分好学生的真实写照，但是他们缺乏广博的专业知识积累和解决实际问题的能力，思维狭隘，灵活性、创新性欠佳，动手能力差，语言表达能力不足……在中国，听话的好孩子总是能得到家长的喜欢，可是，在人才市场上用人单位挑选的并不是好孩子，而是能够为企业创造价值的人，在应聘场所这些同学如果紧张胆怯，连说话都不能完整地表达，不能自信地展示自己，那么就会错失很多机会。

所以，就业难不仅是社会大环境的问题，也有毕业生自身的问题。在我国发展核心技术，提升产业链价值，大力发展第三产业的同时，我国的大学生也应该提升自身的素质修养，勇于面对现实中存在的危机和压力，有意识、有目标地去训练自己的求职技能，与此同时实现学生在校即成为"准职业人"的转变，强化自身的"准职业人"意识，并把这种意识从大一开始便落实到自身的日常行为要求中去，进而形成习惯，以便在将来面临就业时能顺利找到自己理想的位置，发挥更大的价值。

二、"准职业人"定位

大学生是一个特殊的社会群体，虽然社会上不同职业的行规业律各不相同，但各个行业对求职者的基本职业素养要求是一致的。大学生想要毕业时找份好工作，有个好前程，办法无外乎两个：要么靠家庭，要么拼实力。家庭殷实的毕竟是少数，对绝大多数人而言，拼实力才是唯一的出路。所以从大一开始就应该主动把自己定位为"准职业人"，而不是学生。

什么才是"准职业人"？"准职业人"就是按照企业对员工的标准要求自己，初步具备职业人的基本素质，能够适应在企业的工作，即将进入企业的人。按照"准职业人"的标准，大学几年并不是简单学好专业就行了，首先要按照企业对员工的标准要求自己，当一个企业招聘英语专业的毕业生，并不是让他继续学英语，而是能从事某项具体的工作，而专业学习的好坏与他能否胜任这份工作有一定关系，但并不绝对。如果是当英语老师，除了专业知识以外，还需要有亲和力、较强的表达能力以及清晰的逻辑思维能力；如果是做外贸销售，除了外语水平，更重要的是销售技巧以及很强的表达沟通能力，只有具备这些能力才能建立起客户人脉；如果是做人力资源，外语学得好不好就显得不那么重要了，用人单位在乎的是你是否具备系统的人力资源方面的知识，是否熟悉劳动法规，是否具备出色的沟通、组织协调能力和分析判断能力……所以，同一专业，所从事的岗位不同，企业的要求也不一样。因此，大学生要想在毕业的时候顺利就业，应以"准职业人"的标准要求自己，培养自己良好的职业素质，最大限度地满足用人单位的需求。

如何知道用人单位的需求呢？最简单的办法就是看招聘信息。用人单位一般会通过招聘信息告诉你一个岗位需要具备哪些能力。不要认为你还是大一新生，求职对你来说还很遥远，职业素质是一种较为深层的能力素质要求，它渗透在个体的日常行为中，影响着个体对事物的判断和行动的方式，这不是一朝一夕就能完成的。"准职业人"也不是一天两天就能塑造的，需要通过长期的学习和实践。所以，多去看一些招聘网站，看看你自己感兴趣的职位究竟有哪些要求，然后有针对性地安排自己的学习计划。假如你想从事与你本专业相关的岗位，表 1.2 中的几则招聘的岗位要求就能为你提供大量有价值的信息。

表 1.2　大数据相关专业的招聘岗位

招聘职位	职位要求
数据分析师	1. 统计学、数学、计算机、数理统计或数据挖掘专业方向相关专业本科或以上学历，有扎实的数据统计和数据挖掘专业知识； 2. 能熟练使用数理统计、数据分析、数据挖掘工具软件（SAS、R、Python 等的一种或多种），能熟练使用 SQL 读取数据； 3. 使用过逻辑回归、神经网络、决策树、聚类等的一种或多种建模方法； 4. 具有金融行业项目经验的相关经验者优先考虑； 5. 主动性强，有较强的责任心，积极向上的工作态度，有团队协作精神； 6. 具备良好的分析、归纳和总结能力，善于分析、解决实际问题。
大数据开发工程师	1. 计算机或相关专业本科以上学历； 2. 精通 C++/Java/Scala 程序开发（至少一种），熟悉 Linux/UNIX 开发环境； 3. 熟悉常用的开源分布式系统，精通 Hadoop/Hive/Spark/Storm/Flink/HBase 之一； 4. 有大规模分布式系统开发、维护经验，有故障处理能力，源码级开发能力； 5. 具有良好的沟通协作能力，具有较强的分享精神。
Hadoop开发工程师	1. 计算机或相关专业本科以上学历； 2. 熟悉 Linux 环境下的开发工作，熟练掌握 C++/Java/Scala 等一种以上编程语言； 3. 熟悉 Hadoop 生态系统相关项目，精通 Hadoop/Spark/Kafka/HBase/Flume/ElasticSearch/Druid/Kylin 项目之一的源码； 4. 具备良好的学习能力、分析能力和解决问题的能力。
数据挖掘工程师	1. 本科以上学历，有扎实的统计学、数据挖掘、机器学习、自然语言识别理论基础，一种或几种以上的实际使用经验； 2. 熟悉聚类、分类、回归等机器学习算法和实现，对常见的核心算法和数据挖掘方法有透彻的理解和实际经验； 3. 深入理解 MapReduce 模型，对 Hadoop、Hive、Spark、Storm 等大规模数据存储与运算平台有实践经验； 4. 有扎实的计算机理论基础，至少熟悉一种编程语言，Java 优先； 5. 有一定的研究、实验的能力，优秀的分析问题和解决问题的能力。
算法工程师	1. 计算机或相关专业本科以上学历，三年以上相关工作经验； 2. 熟练掌握一门开发语言； 3. 熟悉机器学习、数据挖掘相关知识； 4. 在广告、搜索、推荐等相关领域有技术研究工作经验； 5. 有较强的沟通协调能力。

综合这五个大数据岗位的招聘要求不难看出，大数据方向的技术岗位有以下几个特点：第一，专业是必须要具备的基础；第二，对学历的要求并没有想象的高，本科就可以，但是对实践经历提出了一些要求；第三，对办公软件的使用有一定的要求；第四，对适应能力、沟通能力、团队协作和分析问题、解决问题的能力提出了不少要求。经过一番分析后，一名想毕业以后从事本专业相关工作的大学生就应该知道，除了学好专业知识以外，还需要从哪些方面提升自己。与其等到毕业的时候羡慕身边的同学找到满意的工作，在求职的时候临时抱佛脚，用一些投机取巧来掩饰自己内在实力的苍白，还不如从大一开始好好提升自己的综合素质。决定面试结果的并不是面试的那几分钟，而是你的整个大学四年。所以，从现在开始，你就应该把自己定位为"准职业人"。

三、"准职业人"的培养内容

"准职业人"培养的是学生的职业素质。职业素质是指组织在个人素质方面的要求，是一种较为深层的能力素质要求，它渗透在个体的日常行为中，影响着个体对事物的判断和行动的方式。可以用著名的冰山理论来对职业素养做一个说明：假如把一个人的全部才能看作一座冰山，浮在水面上的是他所拥有的资质、知识和技能，这些是显性素养；而潜在水面之下的，包括职业道德、职业意识和职业态度，可以称之为隐性素养。显性素质和隐性素质（也称为职业基本素质）的总和就构成了一个人所具备的全部职业素养。职业素质既然有大部分潜伏在水面之下，就如同冰山有八分之七存在于水面之下一样，正是这八分之七的隐性素养部分支撑了一个人的显性素质部分。所以一个人的隐性素养对一个人未来的职业发展至关重要。

1．职业素质的特征

职业基本素养具有以下几个特征。

（1）普适性。不同的职业对岗位要求不尽相同，但对职业基本素质的需要却是统一的。身在职场，就要有职业形象意识，就需要协作，需要建立沟通，这些是任何职业的基本要求，也是每个人进入职场必备的基本素养。

（2）稳定性。一个人的职业基本素养是在日积月累中形成的，它一旦形成，便产生相对的稳定性。

（3）内在性。人们在长期的职业活动中，经过自身学习、认识和亲身体验，知道怎样做是对的，怎样做是不对的，从而有意识地内化、积淀和升华这一心理品质。即人们常说："把这件事交给某人去做，有把握，让人放心。"人们之所以放心他，就是因为办事之人内在素养好。

（4）发展性。社会的发展对人们不断提出新的要求，同时，人们为了更好地适应、满足社会的发展需要，也会不断提高自身的素养。从这一角度来说，职业基本素养具有发展性。

2．职业素质的构成

从构成上看，职业基本素养具体体现在敬业、诚信、务实、表达、协作、主动、坚持、自控、学习、创新等方面，这些内容很好地体现了高等教育具有一定"职业性"的内涵，也正是我们所要重点关注的。

职业基本素质涉及面广，覆盖内容较多。其中，在第一学年应该有意识去培养的素质可以概括为六个方面：职业形象意识、学习能力、表达能力、沟通能力、团队合作能力、信息搜集处理与调研能力。它们是职业基本素养所涵盖的职业道德、职业态度、职业发展的具体体现。职业形象意识和学习能力是职场第一要求，沟通表达是职业人最基础的部分，而团队协作、信息处理和调研（分析问题、解决问题）涵盖了职业基本素养的职业个性、应对能力和沟通协调等元素。作为大数据时代背景下的大学生，要获得职业的长远、可持续发展，就必须学会学习、学会沟通，并具备一定的分析问题、解决问题的能力。

（1）职业形象意识：在当今激烈竞争的社会中，一个人的形象远比人们想象的更为重要。礼仪修养已成为现代文明人必备的基本素质，成为人们社会交往、事业成功的一把金钥匙，它承担着对一个组织的印象。现实中我们也有很多这样的例子，同样是参加一个招聘会，有的人因为得体的穿着和良好的表现，在求职的过程中取得了很好的职位，而很多人因为没有注意到这一点而与机会失之交臂。没有什么比"一个人许多内在的东西都没有机会展示，还没领到通行证就被拒之门外"的损失更大的了。所以你要成功，你就要从培养职业形象意识开始。

（2）学习能力：个人的学习能力往往决定了一个人竞争力的高低。在知识经济时代，知识总量迅速扩张，知识老化速度也越来越快，一个大学生在校需要学的知识可能仅占其工作需要知识总量的 10%，而其余 90%的知识需要在工作中通过学习来获取。可见，若要实现我们的职业理想，适应这个飞速发展的时代，在将来更好地胜任工作岗位，我们就必须不断地学习，培养良好的学习习惯，提升自身的学习方法。

（3）表达能力：提高表达能力是我们提高素质、开发潜力的重要途径，是我们驾驭人生、改造生活、追求事业成功的无价之宝，也是通往成功之路的必要途径。

（4）沟通能力：语言是人与人交流的纽带，沟通是人与人相知的桥梁。在我们的一生当中，无论是在求学还是在求职的道路上，需要和形形色色的人打交道。沟通是一门艺术，是人们日常生活当中必备的技能，具备优秀的沟通能力是获得良好的人际关系的前提。

（5）团队合作能力：团结合作是人的生存方式，具有团结合作意识是现代人的重要素质。面对社会分工的日益细化、技术及管理的日益复杂，个人的力量和智慧具有局限性，即使能力再强也需要他人的帮助。很多企业之所以具有强大的竞争力，其根源不在于员工个人能力的卓越，而在于其员工整体"团队合力"的强大。我们每个人都只是团队中的一分子，只有把自己与团队融合在一起，把个人的利益和团队的利益统一，才能最终实现个人的价值和利益的最大化。

（6）信息搜集处理与调研能力：信息的搜集与处理其实培养的是一个人发现问题、分析问题的能力，调研的结果能帮你科学地解决问题。目前，这些能力已经成为一个职场人士的"标配"，同时，这也是处理职场问题和日常生活所必需的能力。在职场上，你若能独立地完成调研任务，你就能有效地发现问题、分析解决问题，并迅速地看清问题的本质。同时，能提高你在处理实际问题上的洞察力，让你能够有条不紊地处理各种复杂问题，提升自己的核心竞争力。

3．从学生到"准职业人"的角色转变

培养职业素养最直接的意义在于能大大提高学生的就业竞争力。随着大众化高等教育的发展，用人单位对人才的选择余地渐宽，超越学历之外的劳动力逐渐为用人单位所关注。现在很多人缺乏对所投身职业的基本素养的了解，不懂得学历与职业之间会存在不对称的问题。当一个人的职业素养与工作技能不能适合用人单位的要求时，就难免出现就业难的问题。一方面，大学生感叹就业难；另一方面，许多用人单位抱怨难招到合适的新员工。多数企业在招聘一些重要岗位的员工时，考虑更多的是为企业输入所需的人才，完成合理的配置，以实现企业长足发展。因此，应聘人员的职业素养尤其是道德品质就成为一个重要的录用标准。如果学生具有一定的专业水准，又能够表现出良好的职业素养，就有被录用的可能。但现实不容乐观，大多数毕业生的基本职业能力普遍达不到企业的要求，学生在校的时候更多地专注于技能的养成而忽视了基本工作能力，但这恰恰是职场中很重要的素质。企业对一些新员工评价低，大部分原因是其工作态度，而非工作业绩和业务能力欠缺。

大学毕业生在供需见面会上的自主择业过程中，职业素养好的学生往往会受招聘单位的欢迎，比较容易就业，而职业素质差的学生可能难以就业。在求职过程中，部分学生专业水平较低，不能通过专业测试；部分学生虽能顺利通过专业测试，但因不善沟通、不注重细节、不讲诚信等欠缺职业素养的行为，最终失去就业机会。从个人的角度来看，如果个人缺乏良好的职业素养，就很难取得突出的工作业绩，更谈不上建功立业；从企业角度来看，唯有具备较高职业素养的人员才能取得生存与发展的机会，他们可以帮助企业节省成本，提高效率，从而提高企业在市场上的竞争力；从国家的角度看，国民职业素养直接影响着国家经济的发展。正因如此，"准职业人"培养，"职业素质教育"才显得尤为重要。因此，提升大学生自身职业素质已成为当前高校教育的一个非常重要的任务。

一名大学生通过在校四年的学习后，就告别校园，步入社会，进入职场，成为一名真正的职业人。从这个角度来看，大学生从现在开始就应该把自己定义为"准职业人"，转换角色，把握定位，在具备企业需要的技能之余，还需要具备企业所需要的能力与品质。所以，大学生在学习专业知识与技能外，还要将目光放长远，多了解企业的需求，有意识地培养自己的综合能力与素质，为未来打下良好的基础。

我们都曾带着自己的梦想进入大学，此时此刻更需要积极地调整好自己的心态，尽快地适应新的环境，为整个大学阶段的成长奠定一定的基础。我们要在大学校园活动中留下身影，在社会实践中展现风采，在公益事业中奉献一份力量，大学校园里没有做不到，只有想不到，坚信付出就一定会有回报。

【本章小结】

本章通过一些实际的案例帮助刚入校的大学生正确面对大学生活，了解专业，并能认识到职业素质的重要性，把握"准职业人"应该具备的职业素养，树立"准职业人"意识。

你可以在下面写下自己的学习和训练体会，帮助自己进一步提高。

_____

_____

_____

_____

【思考与练习】

1. 如果你是老板，你希望招聘的员工具备哪些综合素质？
2. 请结合自身的实际情况，制订一个提升自身核心竞争力的计划。

第二章 学习能力的提升

本章重点

√　树立正确的学习态度
√　学会制订合理的学习目标
√　了解如何有效地利用时间

本章难点

√　了解提高学习效率的方法
√　明确如何制订学习目标
√　明确实施学习目标时应规避的几种问题
√　理解时间管理的误区
√　掌握并熟练运用时间管理法

学习是一个老生常谈的话题，从我们步入校园的那一刻开始，好好学习便成为了老师、家长口中永恒不变的话题。我们希望拿高分，博得父母的一句赞赏，为了成为师生眼中最耀眼的那颗星，渐渐地忘却了学习的初衷，忘了我们到底是为了什么而学习。大学的学习与高中截然不同，如何快速适应大学的学习生活至关重要。

第一节 大数据时代背景下应树立的学习态度

一、树立终身学习的意识

社会在不断地进步，对人的要求也越来越高，如果不能适应社会，终将被社会淘汰。身边有很多这类的例子。无论是七八十岁的老人，还是正值年华的青年，如果他不重视学习，你会发现，新潮的手机放在他手里，他会无从下手。如果你不重视学习，当你的孩子拿着他的练习册殷切地望着你时，你却无能为力。日新月异的变化让国人终身学习的意识不断提升，然而人的素质与知识的提高仅靠在校学习的几年是远远不够的。未来的文盲不再是不识字的人，而是没有学会如何学习的人。

选择了大数据专业的你，更应该认识到，IT 行业本身就是一个飞速发展的行业，今天我们还在认知互联网，明天机器人就可能出现在我们的生活中，IT 就是一个需要你"活到老学到老"的行业。技术领域的革新每时每刻都在发生，作为 IT 行业的工作者必须不断学习，汲取新知识才能跟上时代的变化，做不到终身学习的人终将被时代淘汰。

二、如何高效学习

【案例分析】

大一新生小丹非常不适应大学生活，她说自己是"被管大的一代"。上大学前，在家有父母管，在学校有老师管。无论吃饭、睡觉还是学习等，一切都是老师和家长安排好的，除了听课做题，自己从来不需要考虑什么。可是上了大学，自己所有的事情都没有人管，就连以前最重要的学习都不知道该怎么进行了，她非常迷茫，自己究竟该如何做呢？

【思考问题】

当不再有人安排你的学习生活时，你要如何去提高你的学习效率呢？

提起学习，每个大学生都有十几年的学习经验，然而上大学前这十几年的学习经验真的适用未来的学习生活么？每个人都要明白一个道理，工作中的学习和学生时代的学习有本质上的区别，而大学是两者之间重要的分水岭。大学的学习不仅仅是认真听讲、做笔记、完成作业这么简单了，而是应该更加灵活、自觉和侧重实用。如何在大学里培养自我的学习能力，提高学习效率就显得尤为重要。下面为大家介绍几种方法，希望能帮助你在未来的学习道路上寻找到一条适合自己的学习之路。

1．培养专业兴趣

兴趣是人生最好的老师，做自己感兴趣的事，你会废寝忘食地钻研。兴趣是让你在某个领域里长久坚持下去的动力。无论你是自主还是被动地选择了大数据这个专业，都希望你能用心去体验这个专业的课程，并从中发掘出令你感兴趣的方向，它将会引领你开启知识的大门，而你也将在享受的过程中汲取你所需的营养。当你不再是为了学习而学习时，毫无疑问，你离成功也不再遥远。

2．拒绝快餐式学习

当今社会科技飞速发展的同时，人们的心态也日益浮躁起来，人们开始追求速度、效率、捷径，却忽略了耐心和等待。当你刚迈进大数据专业时，就梦想着立刻能上手操作，而当你大四毕业时，又希望一年后就能年薪百万。以往在招聘 IT 专业应届毕业生时，常常能在他们的简历上看见精通 C#/Java 等字样，可真正面试时，要么答非所问，要么被驳得面红耳赤，最后又有几个人能笑着进入理想的企业呢？学习不是一蹴而就的，它需要长久的坚持、脚踏实地的努力，请从内心中正视学习，摒除快餐式学习的想法。在快餐式学习大行其道的当下，我们有必要重新审视一下"学习"的概念。"学习"是通过教授或体验而获得知识、技术或价值的过程，从而导致可量度的稳定的行为变化。"过程"和"稳定"，这两个与"快餐"相背离的词语说明，速成的学习方式背离了其初衷，它不再是成长和壮大的过程，只是为了学习而学习，为了过关而学习，自然地，这些学到的知识很快就成了"过眼云烟"。

【案例分析】

小张是一名工作两年的大学生村官，即将年满到期，他打算报名参加了国家司法考试。小张在考前报了培训班，购买了整套的司考书籍，用了 3 个月的时间突击学习。司考成绩公布，他以 364 分的成绩"低空"过线。"现在已经不太记得当时学了些什么，不过有了这个证书，考公务员的时候就多了一个'资本'。"小张说。

【思考问题】

小张的现状反映出了当代大学生普遍存在突击复习考试和培训考证的经历，对此你怎么看？

3．充分利用资源

在这个信息爆炸的时代，网络能为我们提供的资源取之不尽，用之不竭，要学会充分利用网络资源提高学习效率。在这个问题上提醒同学们几点：

（1）在选择资源上要确认它的准确度，尽量选择权威、高端的信息来源；

（2）资料不是用来存在计算机硬盘上的，我们通常会花费 50%甚至更多的时间用来查找资料，30%的时间用来整理资料，而真正翻看、学习资料的时间只有 20%，甚至更少。保存在硬盘上的资料数量并不等同于你实际掌握的知识量，你需要时间来学习和消化，这样才能提高你的学习效率。

对于大数据这一新兴学科，要学会利用资源，除了课堂聆听老师的讲解外，还可以通过网络平台学习基础知识，例如，学习 C 和 Python 等开发语言，计算机网络、大数据平台等。

4．学会实践

大学的学习除了要认真听讲以外，还要多进行实践。开发、编程等都需要我们动手实践，不要等到完全理解再去敲键盘，而是在你看书的同时就要去敲代码，这样会让你更快、更牢固地掌握知识点。

作为大数据专业的一员，将所学专业知识用于实践是非常重要的。建议各位同学要充分利用课堂练习，在做项目的过程中，学以致用，达到理论与实践相结合的目的。

5．学会思考

不要轻易请教别人，尤其是在你学习编程时，其实很多问题，只要稍加思考就可以解决。如果在你尝试了 Google 搜索，查阅了相关文件、书籍，反复思考测试以后，还没有找到解决办法，再去请教别人也来得及。在大学期间，培养出具有独立思考问题的能力将会惠及你的一生。

三、学会自学

心理学家伯尔赫斯·弗雷德里克·斯金纳（Burrhus Frederic Skinner，1904～1990 年）曾经说过 "Education is what survives when what has been learned has been forgotten." 这就是大学的教育。在大学里，最应该学会的是自学。要学会自主学习、自主探索与实践。当离开校园，步入社会走上工作岗位以后，自学能力将显得更加重要。微软公司曾做过一个统计：在每一名微软员工所掌握的知识内容里，只有大约10%是员工在过去的学习和工作中积累得到的，其他知识都是在加入微软公司后重新学习的。这一数据充分表明，一个缺乏自学能力的人是难以在现代企业中立足的。善于举一反三，学会无师自通，这是大学四年中你可以送给自己的最好的礼物。

第二节　制订合理的学习目标和实施计划

一、目标分类

目标是人们在生产实践和社会实践中为实现预期目的而制订设立的，是在空间明确和在时间上可预期的，它需用一定的时间才能实现。所以目标的分类可以从时间上来划分，在时间上通常可以分为长期目标、中期目标、短期目标、小目标和微型目标。虽然目标是根据时间的长短远近来分，但没有固定的标准来对时间进行限制。

1．长期目标

长期目标是与你所追求的整个生活方式密切相关的。在思考长期目标时，可以从你想从事的职业、向往的家庭生活以及你所追求的生活方式等方面进行综合考虑。在考虑长期目标时，不必拘泥于细节，要从全局出发，灵活运用。

2．中期目标

中期目标通常指需要 5 年左右的时间来实现的目标，它包含你近期的追求以及你生活历程中的下一步。在设立中期目标时，要能较好地把握这些目标，并且在实施中能够预见你是否能达到目的，并在进行过程中不断调整努力的方向。

3．短期目标

短期目标通常指用一个月至一年的时间能实现的目标。在设立短期目标时，你要能很现实地确定这些目标并且清晰地说出你是否能实现它们。目标要切合实际，切忌好高骛远，以免达不到而挫伤信心。

4．小目标

小目标通常指用一天到一个月的时间能实现的目标。小目标比长远目标容易控制得多。在制订小目标时，你能迅速地列出下一个星期或者下一个月要做的事情，并且完成计划的可能性也非常大。在设定小目标时，如果发现你的计划过大，你以后也可以修改它，考虑的整块时间越小，你就越能控制每一模块的时间。

5．微型目标

微型目标通常指眼前即能达成的目标。这些目标是你能够现实地直接掌握住的，尽管它的效果不明显，但它也是非常重要的，因为只有一步一步地实现这些微小的目标，你才能实现较大的目标。

二、如何制订合理的学习目标

1．积极主动，把握自己的人生

大学的学习目标与高中学习目标截然不同。在大学我们学习的重点不再是为了备战中考、高考，而是为了完成我们今后的人生选择。因此，思考未来的人生目标将非常重要。作为当代中国的大学生，我们在规划自己的未来，制订自己的学习目标时，不应该只是被动地等待别人告诉你应该做什么，而是应该主动去了解自己要做什么，并且做好规划，然后全力以赴地去完成。每个人的人生都只有一次，我希望每一个人都能认真思考一下你的人生目标是什么，人生目标不是一个口号，更不是为了应付作业而随意设定的。只有当你确定了自己的目标以后，你才能认清大学四年的学习生活要如何度过，才能制订出合理有效的学习目标。

2．制订阶段性目标

在制订学习目标时，要有阶段性。哲学家罗伯特·梅杰说："如果你没有明确的目的地，你很可能走到不想去的地方。同时，目标过于庞大或者遥远也是无益的，因此成功者都善于将大目标分解为阶段性的小目标。"

【案例分析】

火箭飞向月球需要一定的速度和质量。科学家们经过精密的计算得出结论：火箭的自重至少要达到100万吨，而如此笨重的庞然大物无论如何也是无法飞上天空的。

因此，在很长一段时间里，科学界都一致认定：火箭根本不可能被送上月球。直到有人提出"分级火箭"的思想，问题迎刃而解。将火箭分成若干级，当第一级将其他级送出大气层时便自行脱落以减轻重量，接着是第二级、第三级火箭脱落，这样，火箭的其他部分就能轻松地逼近月球了。

分级火箭的设计思想启示我们：学会把目标分解开来，化整为零，变成一个个容易实现的小目标，然后将其各个击破。这不失为一个实现终极目标的有效方法。

【案例分析】

在一次国际女子马拉松邀请赛上，一位名不见经传的女选手意外地夺得了冠军。当记者问她凭什么取胜时，她只说了"用智慧战胜对手"这么一句，当时许多人认为她这是在故弄玄虚。三年后，在另一次国际马拉松邀请赛上，这位女选手再次夺冠。记者又请她谈经验，这次女选手还是那句话："用智慧战胜对手。"许多人迷惑不解。这位女选手解释说："每次比赛前，我都要乘车把比赛的线路仔细看一遍，并划下沿途比较醒目的标志，比如第一个标志是银行，第二个标志是红房子……这样一直画到赛程终点。比赛开始后，我奋力向第一个目标冲去，等达到第一个目标后，我又以同样的速度向第二个目标冲去。40多公里的赛程，就被我分成这么八个小目标轻松完成了。"其实，要达到目标，就像上楼一样，不用梯子，一楼到十楼是绝对蹦不上去的，相反蹦得越高就摔得越狠。所以，必须是一步一个台阶地走上去。就像那位女选手一样将大目标分解为多个易于达到的小目标，一步步脚踏实地，每前进一步，实现一个小目标，就使她体验到了"成功的感觉"，而这种"感觉"强化了她的自信心，并推动她发挥潜能去达到下一个目标。

因此，在制订目标时一定要有阶段性，那么，如何将大目标分解为小目标呢？可以遵循以下步骤：

（1）确立长期/中期目标；

（2）找出其中重要的主要目标；

（3）按时间阶段分解主要目标；

（4）评估目标实现的可能性；

（5）为阶段目标设下完成时限。

3．坚持并学会总结

大多数人都知道成功源于积累，也会认同我们需要终身学习这个观点。往往，我们好不容易制订的学习计划，在坚持一段时间后，总是因为各种借口无法持续下去。坚持是一种优秀的习惯，那么如何养成这种习惯呢？给大家一些建议：降低你的学习压力，从短时间的坚持开始。例如，每天拿出 10 分钟时间来完成你的学习计划，在这 10 分钟里断网、关闭手机等，排除所有的干扰，只做学习这一件事。当然这只是个例子，目的是让你能学下去。从小做起，养成坚持的习惯，要知道学习在于长时间的坚持，而不是短时间内的拼命。

当然，一个好的学习计划仅仅靠坚持还是不够的，除此之外，你还需要每周拿出 1～2 个小时对本周的计划完成情况进行一下总结。总结在这一周里哪天做得好，哪天做得不好，哪些计划是没有完成的，然后要对做得不好的以及没有完成的计划进行分析，找出原因并记录下来。同时最重要的是要找出改进方案，要相信你的每一次改进都会让你离成功更进一步。

三、注意事项

1．目标具体可衡量

设立学习目标一直是一个老生常谈的话题。我们经常会设立学习目标，然而它的实际作用却常常发挥不出来。究其原因，你会发现我们的目标设定常常是好好学习、多去几次图书馆、多做练习等这样模棱两可的词语。由于我们学习目标不精确、无法衡量，导致我们最终取得的成果远不及设立的学习目标。因此，在设定学习目标时，要让目标具体并且可衡量。实际上，很多长期以来被认为是无法量化的目标是可以量化的。量化了也就容易达到，同时也便于其他人对你进行评估。当你的目标量化了、具体了、明确了，你就会按部就班地去行动，你就会集中你的注意力，开动你的脑筋，为实现目标而奋斗。周而复始，每一个小目标的达成，都会帮助你离你的大目标更近。

2．明确时间截止日期

在制订学习计划时一定要记得帕金森定律：工作会自动地膨胀，占满一个人所有可用的时间。因此，就每一件具体的事情，一定要给自己定一个截止日期。如果不这样做，你很有可能会花比你实际需要多几倍的时间。

3．定期回顾并总结

定期回顾会帮你检查自己有没有朝着目标前进，有没有取得预期的成功。就像飞行员驾驶飞机时，需要定时检查和修正飞行的航线。定期回顾可以使你发现目标和计划中出现的问题，并找到解决办法。

第三节　学会时间管理

【案例分析】

李梅是某大学生物系的学生，出于对生物的爱好，李梅上大学以来一直认真学习，在大一、大二也取得了不错的成绩。但是她发现自己过得很累，每天除了上课，就是学生活动，有时还要和同学逛街，结果搞得自己的生物实验都不能按时完成。每天晚上回到宿舍，李梅都哀叹时间怎么过得这么快，她还没完成当天的事情呢，然后就下定决心明天一定要完成计划的事情。但是到了第二天，原来想好的事情，又被其他事情给耽误了。就这样一天一天过去，快到考试了，李梅一看自己平时课程没有学好，只能临阵磨枪，为了不挂科，搞得身心疲惫。

【思考问题】

1. 李梅的现状反映出了大学生普遍存在的一种什么现象？
2. 这种现状折射出我们在时间管理上存在的误区是什么？

一、认识时间管理

时间是我们每一个人最宝贵的资本，无论我们做任何事情，我们都需要花费时间。时间也是公平的，因为赋予每个人的时间都是一样的，因此，在现今竞争激烈的社会中，做好时间管理显得尤为重要。

时间管理是指通过事先规划并运用一定的技巧、方法与工具实现对时间的灵活以及有效运用，从而实现个人或组织的既定目标。时间就是生命，如何在最短的时间内取得最好的结果，如何用最小的时间投入换取最佳的结果，这就是时间管理。

二、时间管理常见问题

为什么有的人每天拼命学习，成绩依然不理想？而有的人该学的时候学，该玩的时候照样玩，成绩仍然优异？为什么有的人总有干不完的活，加不完的班，却没什么进步？更有意思的是，通常工作很努力并且长时间用来工作的人，往往效率很低，这是为什么呢？原因就在于没有管理好自己的时间。时间管理不好的通常存在以下几个问题：

1．目标不明确

当我们在面对学习、工作或者生活时，缺乏明确的目标，导致我们总是忙忙碌碌，不知所措，很难围绕一个中心进行展开。"我不知道将来做什么，也不知道现在学什么才是今后能用上的，纠结啊！"这是许多大学生学习的真实写照。建议大家在设立目标时可以计划看得见的未来，比如说大学四年期间你的目标是什么。

2．拖延

实际上，我们很多人都或多或少存在拖延的问题。我们经常会遇到这种情况，从网上下载了很多资料、影片，却从来没看过；买了一堆又一堆的书，可实际上这些书被我们放在书架上以后就再也没拿下来过，以致灰尘满满。尽管如此，我们仍会不断地下载资料、购买书籍，并且日复一日乐此不疲。很多事情总是被我们一拖再拖，时间就在拖延中蹉跎了。如果你想成为时间的主人，就必须将拖延从你的生活中驱除掉，设定完成工作的时间，尽快去做。

3．干扰因素多

我们通常会在一个时间段同时处理多件事情，对于某些人来说，这确实能提高效率，但对于大部分人来讲，一心多用会让我们到最后完成的少，本来应该完成的事情却耽误了。因此，建议大家在一个时间段只做一件事情，这样有助于你更高效地完成工作。在你做这一件事情时，要有一个安静的环境，不要被其他零碎的小事打断当前的工作。例如，你可以整理一下办公桌，避免因为乱糟糟的环境影响你的办事效率。同时，其他零碎的小事，可以集中起来，一起完成。

4．不会说"NO"

给自己设置底线和限定，要有自己的原则，对不合时宜、无关紧要的事要敢于拒绝。很多人会因为不好意思拒绝而去做一些浪费时间的事情。倘若勉强接纳他人的请求无疑会干扰你的工作，学会说"NO"是保障自己工作、学习实践的有效手段。

5．做事情缺少优先顺序

生活中有很多行动派，他们不拖延时间，遇到事情会立刻行动，但通常情况是手忙脚乱，效率不高，造成时间浪费，原因就在于对于事情不分轻重，一概以发生的时间顺序去做，缺乏合理有效的安排。不懂得区分工作的优先顺序是时间管理的隐性杀手。

三、常见时间管理法则

我们每个人的时间都是有限的，如何在有限的时间里创造更大的效益，离不开有效的时间管理。接下来为大家介绍一些时间管理法则，希望能帮助你们更好地利用时间，提高效率，做好时间管理。

1．时间四象限

著名管理学家科维提出了一个时间管理的理论，把工作按照重要和紧急两个不同的程度进行了划分，基本上可以分为四个"象限"：既紧急又重要、重要但不紧急、紧急但不重要、既不紧急也不重要。这就是关于时间管理的"四象限法则"，如图 2.1 所示。大学生也可以根据我们的实际情况将我们的学习生活进行划分，如图 2.2 所示。

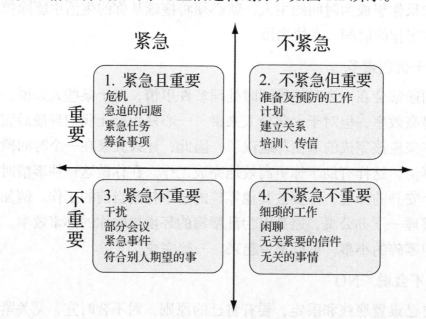

图 2.1　四象限法则

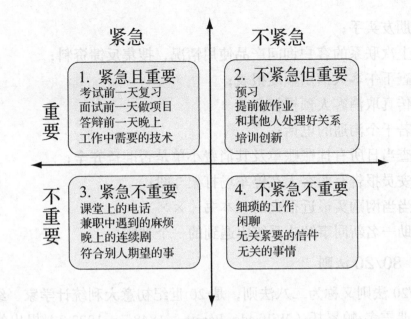

图 2.2　运用四象限法则对大学生活分类

在对事务属性的判断上，每个人都有自己的标准，但现实中我们会经常走入两类误区，一是偏重第一象限事务，二是偏重第三象限事务。当我们偏重第一象限事务时，会导致我们压力倍增、精神高度紧张，以致筋疲力尽，容易对自己失去信心；当我们偏重第三象限事务时，会让我们分不清主次，不能有效地完成本职工作，缺少自制力，容易模糊目标与计划。因此，在平日生活中，我们要重视第二象限，第二象限的事务很重要，而且会有充足的时间去准备，有充足的时间去做好。可见，投资第二象限，它的回报才是最大的。

【案例分析】

请按照时间管理四象限法则，将下面的任务按照重要性和紧迫程度进行划分。

某人一周的事务清单：

临时参加各部门协调会；

解决客人投诉；

编写下个月部门员工排班；

归档大堂副理本周所有文件；

去拜访 VIP 客人；

计划给前厅员工及其领班进行关于发票登记的培训；

通知团队都使用"×××"微信服务号；

陪朋友买手；

向上次联系的客户询问产品使用情况，搜集反馈资料；

核查下午客人信用额度报表；

发传真取消客人预授权；

打若干个沟通的电话；

核查当日所有挂账账单及其消费小单是否准备齐全；

保安员报告有两客人在停车场打架斗殴；

去当当网购买最近很火的一本书《××××》；

帮助一名新同事解决系统中遇到的一个难题。

2. 80/20 法则

80/20 法则又称为二八法则，是 20 世纪初意大利统计学家、经济学家维尔弗雷多·帕累托（Wilfredo Pareto，1848.7～1923.8）提出的，他指出：在任何特定群体中，重要的因子通常只占少数，而不重要的因子则占多数，即百分之八十的价值是来自百分之二十的因子，其余的百分之二十的价值则来自百分之八十的因子，因此只要能控制具有重要性的少数因子即能控制全局。

80/20 法则是时间管理和人生规划中最重要的概念之一。如果将 80/20 思想运用到日常生活中，它能帮助你改变行为并把注意力集中到最重要的 20%的事情上。80/20 思想的行动结果就是使你以少获多。

生活中随处可以看到这样的人，他们似乎终日奔波忙碌，实际上却毫无作为，自然也不会为人们所称道。原因就在于，他们总是忙于应付那些微不足道的、琐碎庸常的小事，却耽搁了对自己、对公司都可说是真正举足轻重的工作。善用 80/20 法则前提是你需要对你所要处理的事务在优先顺序上有明确清醒的认识。在开始工作前，不妨先问问自己："这个任务是属于那 20%的高价值部分呢，还是属于剩下那 80%的低价值部分？"在选择顺序时，一定要抵制住先易后难的诱惑。切记，无论你做出什么样的选择，久而久之，它都会成为一种根深蒂固的习惯。如果你的选择是先做那些没有价值的事情，那你很快就会养成这种习惯，尽管你并不想培养或者保持这样的习惯。现在你需要做的是把人生中的主要目标、工作和责任列成一张清单。根据 80/20 法则确定：其中哪些是能够体现你 80%价值的那 20%的任务？然后，从今天开始，把更多的时间放在那些能让你不同凡响的少数工作上，尽量不要在没有价值的工作上花费太多时间。

【本章小结】

1. IT 行业的特性决定了我们需要终身学习的必要性。

2. 大数据专业的学生在学习上应培养的习惯有：培养专业兴趣、拒绝快餐式学习、充分利用资源、实践与思考、学会自学等。

3. 制订学习目标注意要点：积极主动、制订阶段性目标、坚持并学会总结。

4. 时间管理的误区主要有目标不明确、拖延、干扰因素、不懂拒绝、缺少优先顺序等。

5. 遵循时间法则，如时间四象限法则、80/20 法则等。

你可以在下面写下自己的学习和训练体会，帮助自己进一步提高。

_____

_____

_____

_____

【思考与练习】

1. 罗列出你知道的大数据专业应掌握的基础学科，并写出你的学习计划（时间－步骤－目标）。

2. 请罗列出未来一周所有的学习工作安排。

3. 对于上述罗列的事件，你如何用时间四象限进行分类？

4. 请根据上述事件的重要和紧急程度，为你未来一周的工作制作一份计划表，如表 2.1 所示。

表 2.1　计划表

时间		第一象限	第二象限	第三象限	第四象限
周一	上午				
	下午				
	晚上				
周二	上午				
	下午				
	晚上				

时间		第一象限	第二象限	第三象限	第四象限
周三	上午				
	下午				
	晚上				
周四	上午				
	下午				
	晚上				
周五	上午				
	下午				
	晚上				
周六	上午				
	下午				
	晚上				
周日	上午				
	下午				
	晚上				

第三章 大学生行为礼仪规范

本章重点

√ 了解社交礼仪的基本要求

√ 了解仪容仪表和行为举止在人际交往中的重要地位

√ 学会修饰仪容仪表，让自己行为得体，行为举止恰当庄重

本章难点

√ 掌握人际交往中的基本礼仪，塑造良好的个人形象和职业形象

√ 体会社交礼仪的亲和作用，力求达到待人接物文明礼让，衣着打扮朴素大方

√ 养成遵守社交礼仪的良好习惯

在社交场合中，外在形象也是一种竞争力，人们常常根据对方的外貌、举止、谈吐、服饰等外在形象做出初步评价，形成某种印象，即第一印象。要想更好地与人相处，在社会上立足，就要注意自己的着装是否得体，妆容是否得当，饰品是否符合身份等。这里所说的"外貌"，并不单纯指一个人的长相，还包括穿着、行为举止和礼貌修养。对很多人来说，生活、学习及职场中的挫折，其中只有 20%可以归结于个人不可控因素，其余的 80%则源于不懂礼仪。一个人若是彬彬有礼，待人接物大方得当，就很容易给人留下一个好印象。没有人能够脱离这个社会而存在，因此社交礼仪是每个人的必修课。那么，如何与人进行交往，令自己内强素质、外塑形象？如何熟悉与掌握礼仪规范，在校园生活与职场交际应酬中展现您的风度与魅力？如何更为有效地与他人合作，使自己成为受欢迎的人？

通过本章的学习，大家就会知道，礼仪是我们最好的装饰品，它可以最大限度地提升我们的形象。正所谓"爱美之心，人皆有之"，我们没有办法选择自己的相貌，但却可以通过掌握社交礼仪来让自己看起来更得体。掌握必要的社交礼仪知识对提高个人魅力有着重要的帮助。每一个礼仪细节都可能决定你的前程和命运，让你比别人拥有更多的机会。要想拥有成功的人生，就要内强素质，外塑形象，做到知礼、懂礼、守礼、用礼。因此，学习礼仪、运用礼仪，无疑将有益于人们更好地、更有规范地设计和维护个人形象，并能更好地、更充分地展示个人的良好教养与优雅的风度。

第一节　以貌"惊"人

搞好外在形象是对他人的尊重，以貌"惊"人即仪容修饰得体。曾看到过这样一句话：一个连自身容貌都疏于打理的人，他的灵魂能高到哪里去？你的脸就是你灵魂的模样。

这就说明，仪表形象可以传达出最直接、最生动的第一信息，反映个人的精神面貌，同时也会给人带来强烈而敏感的"第一印象"，它是事业成功的助推器。因此，对即将步入社会的准职业人来说，注重仪表形象可以有效地弥补自身的缺陷和不足，给人留下一个赏心悦目、积极向上、有竞争力的形象，并迅速获得他人的认可。

我们自小受到的教育是，能力胜于一切，漂亮又不能当饭吃，把时间浪费在这上面干什么？但是，别忘了，美好的事物人人都喜欢，爱美之心人皆有之。大学是一个自我提升的过程。干净整洁的容貌可作为一个大学生合理增加自身魅力的必要步骤，能够体现一个人的气质与第一印象。随着社会的发展，以及大学校园文化活动的丰富多彩，个人仪容设计已经成为大学生活和职场中不可或缺的事。

仪容修饰包含以下几个方面：面部修饰、肢体修饰、发部修饰、化妆修饰。

一、面部修饰

良好的形象，从头开始。人的面容，是传递一个人情绪和修养的"舞台"。面部修饰的第一步是要洗脸，使之保持干净清爽，无汗渍和油污。

眼睛：无眼屎，无睡意，不充血，不斜视。眼镜端正，明亮皎洁。不戴墨镜和有色眼镜，不用人造假睫毛。

耳朵：内外干净，无耳屎，无污垢。男生注意修剪耳毛，女生不戴过于夸张的耳钉或耳坠。

鼻子：鼻孔干净，不流鼻涕，鼻毛不外露。

胡子：刮干净，不留八字胡和其他奇形怪状的胡子。

嘴：吃过东西后要漱口，保持牙齿整齐洁白，口中无异味，嘴角无泡沫，与人交谈或会客时口中不要嚼口香糖等食物。女生不用深色或过于艳丽的口红。

二、肢体修饰

手部：手作为人的第二张"脸"，从手可以判断出一个人的修养和生活品质。大学生即使有得体的谈吐，过硬的知识技能，但是若伸出去与面试官握手的是一双粗糙皲裂的手，看起来令人诧异。因此，要随时保持清洁。指甲要常修剪，指甲长度不超过指尖两毫米，缝隙里不能有污垢，养成"三天一修剪，每天一检查"的好习惯，随时注意保养。女生不能涂过于艳丽的指甲油。一双干净温暖的手会留给人一个好印象。

脚部：注意脚部的清洁卫生，谨防异味，在公众场合忌穿拖鞋或赤脚。

四肢是人体的缩影，现在已经有越来越多的人把手足护理的重要性与面部护理等同了。手足的肌肤较为娇嫩，如果不注意日常护养，也容易提前老化，不利于保持良好的个人整体形象。

三、发部修饰

生活中，我们经常听到有人喊"那个红头发的"或是"那个黄头发的"？头部位于身体的最上方，居高临下，占据了十分有利的位置，因此也是最引人瞩目的地方。所以，一定要好好地整理头部，以一个良好的形象示人。

首先要谨防头屑。肩头的头屑会像秋风中的落叶般带着点点凄凉飘向人们的视线，使人忍不住心底也跟着发凉。所以，为他人的健康着想，出门前，请检查自己的头部卫生。

发型在个人形象中是一种独特的语言，它能更直观地体现你的身份、年龄、个性及气质等特征。一个适合的漂亮发型能为你增添无限魅力，相反，无论男女，如果你的面容、服饰都很美，一个不适合的发型会使你顿失风采。

当然，作为一名现代大学生，我们极尽彰显自己时代个性的同时，还要时刻注意自己是学生，而学生的发型发式以朴素大方为主。

1．选择发型要与性别相符合

男生发型：前不覆额、侧不掩耳、后不及领。尽可能避免留长发或者某些时髦新潮的奇特发型，最好也不要留光头，也不把头发染成过分鲜艳扎眼的颜色。

女生发型：女生的发型虽然并不拘泥于短发和直发，但也应注意要相对保守一些，不能过分张扬和花哨，要注重整洁健康、美丽大方、新颖别致，比较适宜盘发、扎辫子、短发、长发等。鹅蛋脸（又称瓜子脸）属标准型，可以做任何发型；圆形脸用前刘海盖住双耳及一部分脸颊，即可减少脸的圆度；方形脸类似于圆形脸，其发式应遮住额头，并将头发梳向两边及下方，也可以烫一下，造成脸部窄而柔顺的效果；长形脸可适当用刘海掩盖前额，但不可将发帘上梳，头缝不可中分，尽量加重脸型横向感，使脸型看上去圆一些。

2．选择发型要与个人的性格和气质相符合

（1）性格内向、羞于言谈——自然翻式

（2）性格开朗、潇洒——长发波流式

（3）性格活泼、天真——长发童花式

（4）性格温柔、文静——曲直长发式

（5）性格豪爽、具有男子气概——短发型

3．选择发型还要与自己的身材（包括脖子的长短及高矮胖瘦等）相符合

四、化妆修饰

化妆是生活中的一门艺术，适度而得体的化妆，可以体现端庄、美丽、温柔、大方的气质。适度和正确的化妆，可以达到振奋精神和尊重他人的目的。校园化妆礼仪要遵循淡雅自然的原则，青春面孔本身就是一种美，化妆只是用来弥补五官的不足之处，如修掉眉毛上的多余杂毛，让嘴唇着上润唇膏避免皲裂，涂一点打底霜让自己看起来白皙一点，等等。学生忌浓妆艳抹；当然，在特殊场合，如演出、节目主持时，妆容需要适当浓一些。

1. 校园化妆要领

校园日常生活化妆要领：淡雅、自然清新。日常生活妆以弥补五官和肌肤缺点，以有选择性的化妆为主，不需要走完整个化妆程序。日常注意护理和饮食作息，可以使面貌从内在散发出天然美感。打得再好的腮红，也难敌青春学子脸上天然的红晕，前者是修饰的表面美，后者是真实的容颜美。

校园社交化妆要领：校园社交不像工作以后的社交活动那样丰富复杂，但适度修饰自己，以良好的面貌出现的原则是不变的。校园社交大多时候是参加同学或老师的生日聚会、节日聚会、校园舞会、开学迎新与毕业典礼、颁奖典礼等。在这些场合，我们可以化一个淡妆，使自己看起来清爽、干净、漂亮，营造愉悦的活动氛围。

校园演出化妆要领：校园演出时，不论是作为演员，还是节目主持人，都需要配合演出主题，做相应的化妆。这个时候，化妆需要浓重一些。这是因为演出着淡妆只能使你在观众视觉中呈现苍白无神的面貌，台上与台下的空间距离使浓妆在观众看来则刚刚好。浓妆突出脸部和五官轮廓，并加强它们的立体感。通常粉底也较厚，眼影色彩丰富、艳丽或者浓重，常常贴上假睫毛与浓厚的眼影相协调。

与电影电视明星不一样，大学学生妆容的总体要求是：自然、清新、得体、大方、持久。所以，我们平时在化妆时，要注意化妆的火候，化妆的尺度要把握得当，才会有让人感觉自然的化妆效果。化妆的最高境界可以用两个字来形容，就是"自然"。最高明的化妆术，看起来好像没有化过妆一样，并且这化出来的妆与自身的身份匹配，能自然地表现出自己的个性与气质。

2. 化妆细节处理

一般标准脸的轮廓必须满足三个要素——瓜子脸、高鼻梁、大眼睛；五官位置、大小的具体标准是——三庭五眼、四高三低。"三庭五眼"是指人的脸长与脸宽的一般标准比例：从额头顶端到眉毛、从眉毛到鼻子、从鼻子到下巴，各占 1/3。脸的宽度以眼睛的宽度为测量标准，分成五个等份。"四高三低"：四高——额头高、鼻尖高、唇珠高、下巴尖高；三低——两眼睛之间的鼻额交界处低、人中沟低、下唇的下方小凹陷低。亚洲标准美女各个部位皆符合此标准。

眉毛：眉毛是五官中最上面的部分。有人说眼睛是心灵的窗户，那么我们也可以说眉毛是心灵的窗帘，窗户再好看，窗帘一塌糊也是不可取的。因此平常我们就应该随时注意，把眉毛修剪整齐，这样比较容易整理出好看的眉毛形状，不过需注意的是眉尾不可低于眉头，可在同一水平或者比眉头略高一毫米。

下面介绍各种脸型适合的眉型：标准脸，俗称鹅蛋脸，眉毛可以根据妆容来定；圆脸型，眉峰可以高一些，可带点棱角，不宜过长；方脸型，眉峰可以高一些，要圆润，不宜过长；长脸型，眉型要自然，有点眉峰即可；颧骨较高的脸型，眉峰要圆润，不宜过长。

在画眉时，先用修眉刀将眉毛周围的杂毛刮掉，用眉笔勾勒出适合你脸型的眉形边框，然后轻轻用眉笔或眉粉填充边框内的眉腰、眉峰和眉尾。眉峰处加重力度使颜色最深，眉尾处只需要用眉刷轻刷即可。一般眉毛的长度为，鼻翼和眼角连线的延长线位置。眉毛切不可画得很深，在我们印象中只有唱戏的才把自己的眉毛画得又黑又粗。

眼影、眼线：适当的眼妆会使眼睛显得大而有神，顾盼生辉。眼影要从接近睫毛根部开始画，越往上颜色越淡，要有一个渐渐消失的过程，切忌画成眼皮上有一个很明显的印记。眼线要从贴着睫毛根部开始画，一般从内眼角画到外眼角，宽度和长度根据自己的眼型来定。不太会画眼线的女生，在画眼线的时候，可以借用小刷子或棉签将眼线晕开。眼线亦不可画得太粗太浓，那样会显得过于妖艳。

眼睫毛：夹睫毛分别夹在睫毛的根部、中部和尾部，使睫毛很自然地向上弯曲，然后呈之字形从睫毛根部慢慢往上刷睫毛膏，可以多刷几遍，让睫毛看起来浓密。睫毛有点下垂的女生选择防水效果会更好的睫毛膏会更实用，因为这样可以免去很多人前忽然变成"大熊猫"的尴尬。当然在卸妆的时候，使用了防水效果好的睫毛膏自然会卸妆困难些，所以在卸妆时大家需要注意眼部清洁问题。

粉底：粉底的作用主要是均匀面部肤色。液体粉底有很好的遮瑕作用。最好选择与自己肤色接近的颜色。打粉底的时候要注意脸和脖子的衔接。一般用粉底液就好了，尽量不要使用膏状的粉底，打不好会显得妆底很厚重。日常妆的粉底要薄而透。怎么才知道自己的肤色色调呢？可以用穿衣法：如果你穿蓝色好看，穿黄色不好看，那你就是冷色调肤色。"冷色调"的人戴银色饰品气色较好，"暖色调"的戴金色饰品气色较好。我们东方人大多数是黄种人，肤色大多都是带黄感的暖色调。不可盲目地认为越白越好，有些女生涂上粉底看起来就像刷了一层厚厚的墙粉，不但没有起到修饰作用，反而让人反感。如果要外出，建议还是用一点清淡的粉蜜或者粉饼，那样可以让妆容持久一点。

腮红：腮红的颜色也要根据肤色、眼影或服装的颜色来定。日常妆的腮红颜色不要过重，一般根据妆容选择淡粉色或淡橘色。

唇膏：唇膏分固体和液体两种。很多固体的颜色太重，液体的颜色又不明显，建议用固体唇膏配合液体唇膏。唇膏要求是同一色系，最好是同一品牌的相互搭配，否则当心过敏而导致毁容。选择适合自己肤色和性格的唇膏或者唇彩颜色非常重要。对皮肤偏黄的女生来说，使用带有黄色调（暖色调）的橙色或者茶色比较适合，尽量不使用带有蓝色调（冷色调）的粉色；红润肌肤的女生比较适合色彩鲜明的唇膏，涂抹时应该展示清晰的唇形轮廓；肌肤白皙的女生建议使用橙色或者嫩粉色等比较明亮的颜色，只需涂在唇部中央晕染开来就好；肌肤黝黑或者小麦肌肤的女生，适合使用颜色相对浓烈或是浅淡的颜色。

当然，我们在关注自己仪容仪表的同时，也要注意以下事项：

（1）不要在公共场所化妆。如果需要补妆，应该到盥洗室或无人的地方，不宜当着他人的面，尤其是不能在教室、餐桌、学生公共活动场所公开补妆；

（2）不要在异性面前化妆；

（3）不议论他人的化妆；

（4）不要过分热情地帮他人化妆；

（5）不借用他人化妆品；

（6）不要使妆面出现残缺；

（7）不宜使用气味浓烈的香水。

我们是学生，要消费有度，要爱惜自己的脸，包括那些小瑕疵。做到妆而不露，化而不觉，达到"清水出芙蓉，天然去雕饰"的境界。容貌形象并不仅仅局限于适合个人特点的发型、化妆，也包括服饰和内在性格的外在表现，如气质、举止、谈吐、生活习惯等。从这一高度出发的容貌形象设计，绝非我们自己进行表面的妆容设计能完成的，这要求我们在日常的学习生活中自省和提高。接下来，我们就一起来谈谈着装的重要性。

第二节 塑造"职业"形象，彰显个人魅力

作为礼仪的一个重要部分，得体的穿着不仅仅是个人品位的体现，更成为人们彼此考量的一个尺度。一个衣冠不整、邋里邋遢的人和一个着装典雅、整洁利落的人，在其他条件相同的情况下，同去办一样分量的事情，前者很可能受到冷落，而后者容易得到善待，结局可想而知。尤其是到一个陌生的地方办事时，你给别人留下的第一印象更加重要，这第一印象更多来源于着装。

有一种说法叫"人靠衣装马靠鞍"。仔细分析，这句话不无道理。恰当的着装不仅给人以好感，同时还直接反映出一个人的修养、气质与情操，它往往能在人们尚未了解你或你的才华之前，就透露出你是哪类人。

一、着装的重要性

拥有良好的形象非常重要（见图 3.1），它就如同一支美妙的乐曲，不仅能够给自身带来自信，还能给别人带来审美的愉悦，甚至也能"左右"他人的视觉感官，使你办起事来信心十足。

图 3.1 课堂服饰及坐姿礼仪

思考片段：个性服饰。

在夏季的课堂上，我们不难发现，常常有一些同学穿着背心、短裤，脚上蹬着一双拖鞋，心安理得地坐在讲台下听课。其理由是：穿衣服是我自己的事，怎么穿是我的权利。

不注重衣着打扮，不修边幅的人难以赢得好感。

服装在我们日常生活中占有非常重要的地位，且从来都是时代精神的外在表现，并随着社会的发展不断发展变化。穿着打扮不仅反映了一个人的修养、职业，同时也反映其个性与心理。有些缺乏主见的人，见别人穿什么，自己也跟着穿什么，忘了自己的喜好个性及身份地位，结果看起来不伦不类；或者由于懒惰，不管什么场合都千篇一律。

衣着打扮也是一种语言。这门语言，在人际交往中，有着不可估量的作用。在与人打交道的过程中，特别是与陌生人初次见面，人们在与你进行交谈时，会判断你的外表是否与你的表现相称，从你的衣着打扮开始获取你的"内部信息"。

当代大学生作为具有较高的文化层次、鲜明的个性、独特的价值观和审美观的一个独特社会群体，其着装总是折射出青春包裹下的美丽心灵。着装是一个人最表面、最直接的肖像。不同的家庭背景，不同的个性特点等都会造成即使在同一班、同一个宿舍的同学也有着不同的服饰文化理念。如有的学生家庭条件较好，父母在着装上有自己独特的风格，穿衣也比较讲究，那么处于这种家庭的孩子往往能够把握服装流行趋势，穿出自己的个性，展示出自信的一面。

在大一，同学们大多数衣服是从家里带到学校的，因此大一新生的衣服各式各样，其中还保留一些中学时代穿着打扮的习惯，着装意识与高中时期相比基本没有改变。而到大二、大三时，看到周围其他同学穿流行时尚的服饰时就会产生跟随的欲望，直到大四时，就会逐渐走向成熟。

人总是生活在特定的环境中，一个人如何着装，并不完全是私生活范畴的事情，校园内的着装环境对个体有着重要的影响。受时尚杂志、大众传播媒介、网络等影响其着装风格的大学生，其着装通常是既能张扬个性又能显示时尚，既能引领大学校园的着装潮流，又不失得体、典雅。

经常听到有人说"不是我不注意，主要是课太多，太忙了，顾不上那么多""没必要花费时间和精力在这些表面的事情上，哪有那个闲钱和闲心啊"。

对于形象问题，这是两种最常见的态度，前者认为忙，后者是对形象的认识不足，认为形象只是虚无缥缈的东西，认为成大事者不拘这些细节，最后，结果如何呢？那就是这些不重形象者在人生各种大大小小的竞争和博弈中屡战屡败，吃尽苦头。

曾经有过这样一句话"好形象是一个人事业成功的通行证"。这句话无疑是对大多数人成功的最恰当注释，同时也为尚未成功的年轻人提供了一把打开成功大门的钥匙。不修边幅的人无法赢得他人的好感，更难以获得成功。所以，刚进校的大学生们，从现在开始着手，让自己像成功者一样保持良好的形象吧！

案例：

李云是 IT 公司里的"金领"一族，工作能力很强，然而生活中他是个"不拘小节"的人，成天穿着一身破牛仔装，一双看不出颜色的运动鞋。用他的话说这是"成大事者不拘小节"。

有一次，公司举行周年庆，邀请了一些市州级别的重量级领导及重要客户。李云依旧穿着他那套"千年不变"的"行头"，一进场，负责接待工作的公关部经理就皱起眉头，提醒他："李云，不是早就通知了，今晚的宴会要穿正式一点吗？你怎么还是这个样子啊？"李云"呵呵"一笑："我就一普通技术人员，又不是啥大领导，穿啥正装啊？我这人不爱打扮你是知道的，我就这一套衣服，哪来的正装？再说了，非要我和你一样穿得西装革履的，我浑身不自在，算了吧，你就别为难我了，我习惯了这样穿。"公关部经理语重心长地告诉他："要是平常也就算了，可今天这场合，有这么多重要的客人，你穿成这样，老板面子上下不来啊，要不你还是别过去了吧？"李云不听劝告，还以为公关部经理看他不顺眼故意刁难他，头也不回地向着老板走了过去，老板一看他这一装扮，随便应付了几句就走向了其他员工。整个晚宴现场的其他人也都以异样的眼光看着李云，甚至他的一些同事装作不认识他，令李云十分尴尬。

李云不修边幅，令他在宴会中遭遇了尴尬。在很多社交场合，服饰不仅仅只是一块遮羞布，而且还传达着很多信息，如个人的品位、性格、态度等。像这种宴请应酬当然不仅仅是为了吃饭而吃饭，它作为人际交往中的交际平台，是一个展示个人修养的舞台，而服饰，则可以看作是舞台上的"戏服"，如何着装直接对你的角色进行了定位，决定了你能否成事。

对于已经进入大学而即将进入社会过渡期的准职业人来说，务必要了解正式场合该如何穿衣才是正确的。不同的场合有不同的服饰要求，只有穿着与环境氛围相融洽的服饰，才能产生和谐的审美效果，最终达到我们的交际目的。

二、常见着装风格

不同性格的大学生对服装的要求也不同。思想开放，有自己审美特征的大学生，服装多以时髦型为主。思想较为前卫的大学生，服装以休闲运动型为主，着装既大方又不失个性，既得体又不张扬。而性格较为内向的大学生，买衣服时随便买一件自己认为穿着舒服的衣服即可，把自己打扮得清清爽爽就可以了。

每个人都有自己不同的着装风格，然而对现代大学生的着装风格，不同的人持有不同的态度。但是，大学生切忌为穿而穿用来显摆自己。干净整洁、自然得体、文明大方应是大学生着装最起码的要求。大学生服装的造型款式、色彩、质地要符合自己的年龄和身份、体型、肤色。衣服虽然可以显示个性，但不赞成以奇装异服哗众取宠。一般而言，当代大学生服装风格及其着装可分为以下几类：

1. 忘情四季校园装

忘情四季校园装即休闲装。绝大多数的大学生在装扮上属于随意型，他们对着装持随意不关心的态度。这类大学生人数很多，他们认为服装只要干净整洁，得体就是最美的，不管是不是流行的款式，也不问是不是高档的面料，最喜欢休闲装。这类服装的款式休闲，穿着舒适，便于活动。

2. 纯情浪漫校园装

穿着此类服装的属于时尚浪漫型和追随型的大学生。他们着装打扮体现自我，表现浪漫情怀。他们将服装的流行性、身份象征性和个性化的流行时尚体现得淋漓尽致。他们对流行时尚特别敏感，有较强流行意识，对服饰打扮态度积极、充满自信，是大学生中的流行先驱者。

3. 永恒经典牛仔装

牛仔装作为一种精神，代表了自由、独立、勇敢、自信、乐观和民主。每个大学生都或多或少有牛仔情结，很多大学生一年四季都着牛仔装。牛仔装体现平等，蕴含了心理舒适性，又体现了以人为本的社会意识。可以在牛仔装上加修饰，配画新图案，剪成破洞等，以此体现不同的人性魅力。

并且，牛仔装也是搭配先进科技元素的先锋。很多牛仔装体现了先进的现代化科技，这让正在追求科技的大学生们爱不释手。

4．成熟干练职业装

喜欢职业装的大学生，表现出了对职场的一种好奇，想自己去尝试一下，毕竟很快就要步入社会谋取职位了（见图 3.2）。大学生着职业装是一种特定时期的大学生着装表现，是一种稚嫩、非成熟的着装尝试。不管大学生是休闲族，还是浪漫族，终究会有一天从校内走到校外，从学生变成国家的有用之材，所以，这个转型时期的衣着打扮值得研究。

图 3.2　商务形象

作为大学生，在着装上应注意的是朴素大方，适合自己的学生身份，不要因着装而承受过重的经济负担。有的大学生经常购买一些非必需的衣服，只为自己光鲜艳丽，追求名牌，从而增加了生活费用。多数大学生没有自主经济来源，基本生活费用都由家里提供，过高的服装消费会增加家庭的经济负担，因此建议大学生的着装消费应该结合自己的家庭经济情况，适当地消费。

　　服饰的打扮体现着个人的审美风格，不要过于追求另类风格。一些大学生追求新鲜另类，总想在服饰上体现先锋时尚，独一无二。可另类的打扮能代表大学生的形象吗？这样只会引来大家异样的目光。爱美，不应浮于表面，美得适合，美得得体，美得深刻，这才是大学生所应追求的审美品位。因此建议大学生的打扮要得体大方，符合自己的身份。这就引出了一个很重要的问题：如何选择和搭配适合自己的服装。

三、服装的选择

　　选择服装时应考虑服装的款式、比例、颜色、材质，还要充分考虑视觉、触觉与给人所产生的心理、生理反映。服装能体现一个人年龄、职业、性格和民族等特征，同时也能充分展示这些特征。

　　服装在造形上有 A 字形、V 字形、直线形、曲线形；在比例上，有上紧下松或下紧上松；在类型上，有传统的含蓄典雅型、现代的外露奔放型。在形象设计中如果运用服装得当，将会使人巧妙地扬长避短，衬托出人的自然美。大学生应学会用服饰来装点自己的美丽。

　　总之，在大学校园中，服装大概可以分为这几种：学生装、生活装、正装，聚会装和出游装。整体着装原则如下。

　　（1）整洁合体。保持干净整洁，熨烫平整，穿着合体，纽扣齐全。

　　（2）搭配协调。款式、色彩、配饰相互协调。不同款式、不同风格的服装，不应该搭配在一起。

　　（3）体现个性。与个人性格、职业、身份、形体和肤色等特质相适应。

　　（4）随境而变。着装的款式和风格应该随着环境的不同而有所变化。

　　（5）遵守常规。遵守约定俗成的着装规矩。例如：不可在公众场合光膀子、卷裤腿、穿睡衣；女性在办公场所不宜穿吊带、露脐装、超短裙、短裤等；脖子比较短的人不适合穿高领衫，体型较胖的人应该尽量避免穿横格的上衣等，佩戴饰物要尊重当地的文化和习俗。

四、饰物佩戴礼仪

　　大学生对饰物的佩戴不是必需的，但也应明白关于饰物佩戴的相关礼仪规范，因为个人形象礼仪离不开饰物佩戴礼仪。饰品有配饰和首饰两类。大学生在校园中常用的配饰主要有帽子、围巾、眼镜、项链、手链等。

1．戴帽子

该正不能歪，不要给人衣冠不整的印象。在庄重场合，如参加重要集会、升国旗时，要脱帽，即使是冬季的防寒帽。在悲伤场合，如参加追悼会、向遗体告别，也应该脱帽。

2．围巾的佩戴

基本没有礼仪规范，所有场合都可以佩戴，只需要注意严肃场合应着装严肃，避免严肃场合佩戴休闲款围巾和大花围巾。参加校园活动着校服时，围巾色彩和款式要与校服协调。

3．手套的选择和搭配

在西方传统服饰中，手套曾经是必不可少的配饰。在我国，手套一般用于御寒。

4．眼镜的选择和搭配

选择眼镜最重要的一条原则是：镜片朝下巴方向所占空间越大，脸就会显得越短；镜片或镜框越窄，眼镜戴得越高，脸的下半部分就会显得越长。鼻子短小者宜佩戴亮色的鼻架，且镜框要紧贴于额部；较宽较紧的鼻架会使鼻子显短。

（1）圆形脸适合佩戴棱角较为分明的眼镜。

（2）长形脸适合宽边的鼻架和镜框及深色的镜腿，这样会使脸型减少视觉长度。

（3）瓜子脸最好是选择镜框呈椭圆形的、线条较分明的眼镜。

（4）方形脸适合佩戴镜框呈圆形的或椭圆形的眼镜，这样会使脸部的轮廓显得更柔和。

（5）椭圆形的脸型基本上适合各种造型的眼镜，只需考虑肤色与眼镜的搭配即可。

5．项链的选择与佩戴

大学生佩戴项链时，没有必要非金即银。正确表达个人的审美情趣，是学生佩戴项链的意义。佩戴要考虑与脸形、脖子、服装和谐。柔软、飘逸的服装适宜佩戴精致、细巧的项链或带有挂件的项链，色彩要与服装匹配，脖子细长适合佩戴颈链、项圈或粗短型项链。

其中，脸形与项链的关系最密切：

（1）圆形脸——适合长一点或带坠子的项链；

（2）方形脸——适合一粒珠似的项链；

（3）三角形脸——适合 V 形项链；

（4）倒三角形脸——慎用带尖利形挂件的项链。

除了这些常见的饰物外，还流行佩戴手链、戒指、锁骨链等，它们多是标榜时尚、前卫、张扬个性的选择。

作为当代的大学生，应该树立正确的着装打扮意识。在社会的发展过程中，人的自我感觉以及客观角度上的社会评判，都会受到社会环境及各种因素的影响，因此大学生的着装风格也随社会发展在发生着相应的变化。一方面要适应社会主流审美情趣的要求，另一方面也要遵循社会欣赏美的主流，进而享受服饰外在美和自身内心对着装的真实喜好。当然，也要注意穿着上的那些禁忌。

五、着装的禁忌

1．忌过分杂乱

在日常生活中，我们偶尔会见到一些人，穿了一身很高档的衣裙，但你总觉得他/她不对劲。为什么呢？"凤凰头、扫帚脚"。比如，男士穿西装配布鞋；个别女生穿高档的套裙配光脚丫子穿双很浮夸的露脚趾凉鞋或拖鞋。

2．忌过分鲜艳

生活服饰也好，套装也好，需要遵守三色原则。什么是三色原则？即全身颜色最好不要多于三种，男女套装都要遵守这个规则。不能过分鲜艳，重要场合服饰尽量没有过于花哨的图案。

3．忌过分暴露

一般在重要场合的着装讲究六不露：不露胸，不露肩，不露腰，不露背，不露脚趾，不露脚跟。这里说不露肩，指的是不穿无袖装，当然了，时装、社交装和休闲装可以穿无袖装，学生装和工作装就不能穿无袖装。因为无袖装会不小心暴露腋毛，还可能露出内衣。

4．忌过分的透视

重要场合注意，不能让他人透过外衣看到内衣是什么颜色、什么款式的，是长的还是短的，有没有图案等。

51

最后忠告，大学生着装忌过分短小、过分紧身。

总之，大学生着装应注意以下几点：

（1）符合身份；

（2）扬长避短；

（3）区分场合；

（4）遵守常规。

现在的人都很忙，没有人有义务通过连你自己都不在意的邋遢外表，去发现你优秀的内在。服饰反映了一个人文化素质的高低，审美情趣的雅俗。具体说来，它既要自然得体，协调大方，又要遵守某种约定俗成的规范或原则。着装不但要与自己的具体条件相适应，还必须要时刻注意客观环境、场合对人的着装要求，即着装打扮要优先考虑时间、地点和目的三大要素，并努力在穿着打扮的各方面与时间、地点、目的保持协调一致。

当然，也不能在着装上花过多的时间，过分强调着装的外在功能而忽视自身的气质修养，不要影响自己的学习。在着装方面花一定的时间和精力是必要的，但是不应该过分的关注。腹有诗书气自华，知识更能改变一个人的气质和精神面貌。建议同学们协调好学习和着装之间的关系，在注重外在的同时也应该关注内在气质的提升。

第三节　教养，无声的自我宣传

大凡在职场中意气风发的成功者，都恪守着职场礼仪，他们优雅的行为举止和得体的仪态仪表，为他们带来了无尽的掌声和鲜花。

如何熟悉与掌握行为礼仪规范，在校园生活与职场交际应酬中展现自己的风度与魅力？如何更为有效地与他人合作，使自己成为受欢迎的人？

与其羡慕别人运气好能找到好工作，与其在求职时临时抱佛脚，用一些投机取巧来掩饰自己内在实力的苍白，还不如从大一开始，全面提升自己的综合素质。决定面试结果的并不是面试那几分钟，而是你整个大学的学习过程。想要拥有优雅的举止，给人留下好印象，就要从举手投足间的细节做起，学好社交礼仪，彰显个人魅力。因此，了解行业"显规则"，不再"死"于"准无知"。

完美人生，从"礼"开始。

案例：

经理要聘用一个看起来长相普通没什么特长的小伙子当助理，其他竞争者很不服气。问原因，经理说："他带来的不仅仅是一封自我介绍信。当看到候客厅里进来一位残疾老人时，他立刻起身让座并扶老人坐下，表明他心地善良，知道体贴别人；地上的那本书，只有他捡起来放在桌上；他在进门前敲门得到允许进门后又随手关上了门，说明他很懂礼貌，做事很仔细；当我和他交谈时，发现他坐姿标准，衣着整洁，头发干净利落，梳得整整齐齐，指甲修得干干净净，谈吐温文尔雅，思维十分敏捷。这些细节，都是极好的介绍信。"

教养体现于细节，细节展示素质。在现实生活中，知礼、守礼、行礼的人会赢得别人的尊敬和信任，反之，无礼之人往往为社会所唾弃。良好的行为举止是人际交往中的一块敲门砖。作为大学生，一个准职业人，应该时刻谨记自己的身份，遵守校纪校规，了解职场行为礼仪规范，做一名合格的准职业人。

一、课堂礼仪

作为一名大学生，遵守课堂纪律是最基本的礼仪。上课时，必须带好上课所需教材及资料，不能穿短裤、背心、拖鞋等。上课铃响，学生应端坐教室，等候老师上课。当老师进门时，应迅速起立，向老师问好，待老师答礼后，方可坐下。如有特殊情况上课迟到，应先喊"报告"，得到允许后，方可进入教室。有事请假，需按学校规定办理请假手续。

上课时，要认真听讲，集中注意力，独立思考，积极回答问题，做好笔记。要坐姿端正，不要趴在桌上，或玩手机、听音乐、打游戏，更不能吃东西。回答老师问题时要举手、站立，落落大方，声音清晰响亮，且使用普通话。在其他同学发言时，要尊重对方，不能随意插话或取笑，如果对方回答的内容和自己的意见不一致，可以加以补充。

下课铃响后，如果老师还没有宣布下课，学生不要忙着收拾书本，更不要起哄，应当继续安心听下去。若教室有开灯或风扇，离开教室时记得随手关掉。

在上课或参加会议时，电话应调至振动静音或者关机状态。与人交谈时，切忌一边和别人说话，一边玩手机，这是一种失礼的行为。

二、进出老师办公室的礼仪

办公室是老师们备课、教研和交流的工作之地，作为学生，随便出入教师办公室是很不礼貌的行为。唐突造访，冒失进入不但影响自己要找的老师，也影响其他的老师。在进入教师办公室，或参加招聘面试，或勤工俭学成为服务人员时，常常会需要进入或离开某一特定的房间，出入房间时要注意以下细节：

（1）要先通报——叩门或按铃，征得同意后方可进入；

（2）要以手开门和关门，禁用手以外的其他肢体开门和关门；

（3）要面向他人。

进入老师办公室，要径直走到老师桌前，有礼貌地叫"老师好"，主动与在场的老师、同学打招呼，不东张西望、畏首畏尾，不要在称呼上没大没小，或者随意乱翻老师的东西。与老师交谈时，眼睛注视对方，认真倾听，不随便插嘴。

三、宿舍礼仪

宿舍是大学生在校期间共同生活的家，要养成良好的卫生习惯，保持宿舍内外的干净整洁。所有的生活用品和书籍要摆放整齐，换下的衣服、袜子要及时清洗。去他人宿舍串门时，应主动与同学们打招呼，未经许可不要随处乱坐、随意翻动别人的东西和使用别人的物品。特别禁止的是：打探别人的隐私，制造谣言，诋毁同学。

四、食堂礼仪

大学生在校期间，一日三餐基本上都在学校食堂解决，这是一个充分体现大学生素质的重要场所，因此，一定要注意基本礼仪规范。

到食堂用餐，要有序进入餐厅，不要冲、跑、挤，随意插队，要排队购买，文明用餐。坐有坐相，不要敲打餐具，大声喧哗。如果遇到师长和熟悉的同学，要注意礼让，先吃完离开时要说"大家慢慢吃"。忌当着食堂工作人员的面抱怨饭菜不好，但是可以礼貌地提出意见。用完餐结束后，要主动将餐具放到指定的地点，吃剩的饭菜要倒在指定的泔水桶里。

五、仪态举止

不同的仪态举止可以显示人们不同的精神状态。用优美的姿态表达礼仪，比用语言更能让受礼者感到真实和舒畅。正确的姿势和表情语言可以帮助你更好地与人沟通，错误的表情语言则会让你语不达意。

1．谈话姿势

有风度地与人交谈。言谈作为一门艺术，也是个人礼仪的一个重要组成部分，谈话的姿势往往反映出一个人的性格、修养和文明素质。交谈时，首先双方要互相正视、互相倾听，不能东张西望、看书看报玩手机、面带倦容、哈欠连天。否则，会给人心不在焉、傲慢无理等不礼貌的印象。要努力养成使用敬语的习惯。我国提倡的礼貌用语是十个字："您好""请""谢谢""对不起""再见"。交谈中少打手势，音量适中。手势过大，声音过大都是不礼貌的。一般地，手势的幅度是上不过肩，下不过腰，手势不可过于频繁。相互间适度的距离可以营造一种更轻松、和谐的氛围。通常认为人与人间距 1.2～3.6 米为社交距离，间距 0.5～1.2 米则为私人距离，间距小于 0.5 米为亲密距离，间距大于 3.6 米为公众距离。

2．面部表情

主要集中体现在四个方面：眉语、眼神、唇形语、微笑。

（1）眉语：人们常说"眉目传情"，是指眉毛长什么形状，做什么动作，都能反映出一个人内心所思所想。眉毛粗直的人，一般直爽坚毅；眉毛细弯的人，一般温柔细致。眉头紧锁、愁眉不展、眉飞色舞、扬眉吐气等都能表达出人的思想状态。在公开场合，一定要保持眉毛整洁、柔顺和自然舒展，避免习惯性的皱眉。

（2）眼神：俗话说"眼睛是心灵的窗户"。眼神一向被认为是人类最明确的情感表现和交际信号，在面部表情中占据主导地位。泰戈尔曾说："一旦学会了眼睛的语言，表情的变化将是无穷无尽的。"眼睛常被人称为心灵的窗户，它具有反映深层心理的特殊功能，心灵深处的秘密会通过眼神不经意地流露出来。一双炯炯有神的眼睛，会让人感觉到精力充沛；眼神呆滞麻木则会使人感觉疲惫厌倦。

与人交谈，要敢于并善于同别人进行目光接触，这既是一种礼貌，又能维持一种联系，使谈话在频频的目光交接中持续不断。人们常常更相信眼睛，谈话中不愿进行目光接触者，往往会使他人觉得你在企图掩饰什么或心中隐藏着什么事；眼神闪烁不定则显得精神上不稳定或性格上不诚实；如果几乎不看对方，那是怯懦和缺乏自信心的表现，这些都会妨碍交谈。但是也不能一直盯着对方，在与人交谈时，目光接触应该保持在 60%～80%的时间，持续时间太长会显得不礼貌。在交谈中，还应不时点头微笑应和。总之，不同形式的目光接触传达着不同的信息。长时间的凝视有一种蔑视和威慑的功能，有经验的警察和法官常常利用这种手段来迫使罪犯坦白。因此，这种方式在一般社交场合不宜使用。

若因公事注视，眼神放于额头与两眼之间，会使人感觉严肃认真，有诚意；若是社交注视，则放于两眼到唇之间的倒三角区，会使人感觉舒适柔和，有礼貌；若是亲密注视，眼神放于双眼或双眼到胸部之间的区域，这种方式会令人感觉真挚亲密，有感情。

要学会用眼神表达尊敬与友好。仰视用于会见上级和尊长，平视用于会见同学和朋友，俯视用于会见下级和后辈。一般地，都应采用仰视和平视，表示尊敬和礼貌。在正式场合与人交流时，要避免上下反复打量对方，也不要盯着某个部位"猛看"，也不要频繁眨眼"放电"，忌会见时左顾右盼，东张西望。

（3）唇形语：不同的唇形，会表达出不同的语言。如生气时，噘嘴翘嘴；惋惜时，张唇叹气；高兴时，嘴角上翘；鄙视时，嘴角下垂；紧张时，双唇紧闭等。大学生要正确使用唇形语，在公众场合不要随意吹口哨。

（4）微笑：微笑是一种国际礼仪，能充分体现一个人的修养和魅力。微笑不是傻笑，也不是大笑。有时候，微笑是对一个人最好的肯定与鼓励。它不单单是一种表情，更是真诚、友善、和谐等美好的表达。面对不同场合和不同情况，如果能用微笑来"迎接"对方，可以反映出自身良好的修养，以及待人的真诚，这是处理好人际关系的一种重要手段。微笑的功能是巨大的，但要笑得恰到好处，避免皮笑肉不笑。真正发自内心的微笑一般要露出上排 6～8 颗牙齿，看起来自然大方、亲切。为了防止僵硬死板、虚伪假意、笑不由衷，可以进行适当的练习。对着镜子、对着同学，可以用"一"这个字来做基础练习。要经常练，不断调整，找到适合自己的真心微笑。图 3.3 所示为微笑练习。

大学生要学会常常微笑，用自己的微笑来团结同学，共同度过四年快乐的大学生涯。俗话说"伸手不打笑脸人""爱笑的人运气不会太差"，亲切的微笑展现了人际关系中自信友善、亲切和蔼、礼貌融洽等最为美好的感情，具有天然的吸引力，是美不可言的社交语言。真诚的微笑，让你的形象价值千金！

图 3.3 微笑练习

3. 手势

除了有声语言和表情以外，手是传情达意最有效的工具。手势有表示形象、传递感情两个方面的作用。俗话说"心有所思，手有所指"。作为仪态的重要组成部分，手势应该得到正确的使用。

（1）引领或指示的手势：一般使用右手，五指自然并拢，掌心向上。另一只手臂应垂在身侧，或贴于腹部，或背于身后。接递物品时，应注意：主动上前，双手接递，尖刃向内。

（2）交流中，在谈到自己时，可用手掌轻按自己左胸，显得端庄大方。用手指指着他人，含有教训人的意味，是很不礼貌的行为。若需要指向交流中的某人，可以用全掌。

（3）其他举止仪态——鼓掌：表示欢迎、致谢、祝贺、赞许等礼貌举止。在正式社交场合，如听报告、有重要人物出现、欣赏文艺演出时，都要用热烈的掌声表示钦佩、欢迎和祝贺。鼓掌的标准动作应该是用右手轻拍左掌的掌心。鼓掌时要热烈，但不能"忘形"，一旦忘形，鼓掌的意义就发生了质的变化，变成了"喝倒彩"，有起哄之嫌，这是很失礼的。

一般认为，掌心向上的手势有诚恳、尊重他人的含义；掌心向下的手势意味着不够坦率、缺乏诚意等。因此，在介绍某人、为人引路指示方向、请人做某事时，应该掌心向上，以肘关节为轴，上身稍微向前倾，以示尊敬。这种手势被认为是诚恳、恭敬、有礼貌的。攥紧拳头暗示进攻和自卫，也表示愤怒和鼓励。

人的手部姿态可谓千变万化，每个手势都能传达出很多信息。比如对方双手自然摊开，表明对方心情放松；对方用手迅速捂住嘴巴，表示很吃惊；用手成"八"字托住下颌，是沉思的表现；手无目的的乱动，说明对方很紧张；用手抓头发或耳垂，是羞涩或不知所措的表现；双手指尖相对，放于胸前或下巴处，是自信的表现。

4. 站姿

古人云："站如松、坐如钟、行如风、卧如弓"。可见基本姿势仪态主要表现在站、坐、行、卧等方面。通常呈现在公众面前的主要是站姿、走姿和坐姿及蹲姿。大学生要在日常学习、生活、工作中养成和保持良好习惯，并运用自如、分寸得当，这样才能对他人展现自己良好的体态形象。

站立是人最基本的姿势，是一种静态的美。站立时，应注意：身体与地面垂直，重心放在两个前脚掌上，抬头收颔，挺胸收腹，双肩放松，双臂下垂，手指自然弯曲，或双手在体前交叉握于腹部，眼睛平视前方，面带笑容。女生两手也可以在体前交叉，一般是右手放在左手上，肘部应略微向外打开。在必要时男生可单手或双手背于背后。站立时，男生双腿可以微微张开，但不能超过肩宽；女生宜双膝并拢，脚后跟靠紧，脚可呈"V"字或"丁"字，不能分腿而立。图 3.4 展示了常见的站姿。

图 3.4　站姿示范

在一些正式场合不宜将手插在裤袋里或交叉在胸前，更不要做小动作，那样会显得拘谨，给人缺乏自信之感，而且也有失仪态的庄重。

应当避免以下姿态：

（1）两腿交叉站立，这样给人不严肃之感；

（2）双手或单手叉腰。这种站姿往往含有进犯之意，在异性面前叉腰，则有侵犯、挑逗之意；

（3）双臂交叉抱于胸前，有消极、防御、抗议之嫌；

（4）双手插入衣袋或者裤袋中，显得不严肃，拘谨小气。实在有必要时，可单手插入前裤袋；

（5）站立时身体不时抖动或晃动，那样会给人漫不经心或没有教养的感觉；

（6）弯腰驼背、腹部外凸，有损形体美感。

5. 走姿

走姿是站姿的延续动作，是展示人动态美极好手段。大学生在日常工作、学习和社会生活中，离不开走路。适合的走姿及礼仪会充分展示大学生良好的公共礼仪修养。无论何时何地，何种场合，走路都是"有目共睹"的肢体语言，往往最能体现一个人的风度、风采和韵味。有良好走姿的人，会显得青春活力。优美的走姿有助于塑造体态美，排除多余的肌肉紧张，会使身体各部分散发出迷人的魅力。

行走是人生活中的主要动作，优雅的走姿是一种动态的美。"行如风"就是用来形容轻快自然的步态。图 3.5 所示为走姿示范。

图 3.5　走姿示范

正确的走姿是：轻而稳，胸要挺，头要抬，肩放松，两眼平视，面带微笑，自然摆臂，幅度不宜过大，上半身不可左右晃动。身体有向上拉长的感觉，脚尖微向外或向正前方伸出，跨步均匀，两脚之间相距约一只脚到一只半脚的距离，步伐稳健，步履自然，要有节奏感。

起步时，身体微向前倾，身体重心落于前脚掌，行走中身体的重心要随着移动的脚步不断向前过渡，而不要让重心停留在后脚；并注意在前脚着地和后脚离地时伸直膝部，鞋跟不要发出太大声响，应走出一条直线。经过玻璃窗或镜子前，不可停下梳头或补妆，不要三五成群，左推右挤，一路大声谈笑，这样有碍于他人行路的顺畅，也不雅观。如有物品遗落在地上，不要马上弯腰拾起。应首先绕到遗落物品的旁边，蹲下身体，然后单手将物品捡起来，这样可以避免正面领口暴露或裙摆打开等不雅观的情况出现。

走姿应避免的姿势：双手插入裤兜，让人觉得拘谨、小气或痞气；双手反背于身后，给人以傲慢、呆板的感觉；身体乱晃乱摆，给人轻佻、浮夸、缺少教养的印象；步子太大或太小，太大不雅观，太小不大方；避免"内八字"或"外八字"。走在路上，不要边走边吃东西、吸烟、随地吐痰、乱扔垃圾等。与朋友一起走在路上时，不要勾肩搭背、又搂又抱。

6. 坐姿

如何坐才不会失礼?

案例："你会坐吗"。

某公司准备聘用一名公关部长，主考官说的是同一句话："请您把大衣放好，在我面前坐下。"然而，有两名应试者听到主考官的话以后，不知所措；另有两名急得直掉泪；还有一名听到提问后，脱下自己的大衣，搁在主考官的桌子上，然后说了一句："还有什么问题？"结果，这五名应试者全部被淘汰了。最后一名考生听到主考官的发问后，他的反应是，眼睛一眨，随即出门去，把候考时坐过的椅子搬进来，轻轻地放在离主考官一米处，然后脱下自己的大衣，折好后放在椅子背后，自己就规规矩矩地在椅子上端坐着。当"时间到"的铃声一响，他马上站起来，向主考官欠身行了一个礼，说了声"谢谢"，便退出了考试房间，并把门轻轻地关上。公司对此人的评语是："不着一词而巧妙地回答了问题；性格富有开拓精神，加上笔试成绩佳，可以录为公关部长。"

　　由此可以看出，符合规范的坐姿礼仪，会给人以文雅、稳重、自然大方的美感，也能让人获得成功的机会。坐姿是一种相对静态的造型。动态的美能扣人心弦，静态的美也能令人心动。坐姿文雅，端庄大方，不仅给人以沉着、稳重、冷静的感觉，而且也是展现自己气质与风范的重要形式。

　　正确的坐姿应该：坐凳子的三分之二，腰背挺直，肩放松。坐下后，嘴唇微闭，下颌微收，面容平和自然。双肩放松，两臂自然弯曲放在桌上或腿上。两手叠放在课桌上，不要交叉抱在胸前，也不要摊开双臂趴在桌子上或放在臀下。面前没有桌子时，女生应两膝并拢，双手叠放在桌上或腿上；男生膝部可分开一些，一般不超过肩宽，双手自然放在膝盖上或椅子扶手上。

　　入座要注意顺序、讲究方位（左进右出）、落座无声、入座缓慢得法。入坐时要轻要稳。先走到座位前，再转身轻稳地坐下。图 3.6 展示了坐姿要领，立腰、挺胸，上体自然垂直。坐时不要前倾后仰或歪歪扭扭，东摇西晃，也不要斜靠在椅子上。双膝自然并拢，双腿正放，垂直地面。不要随意挪动椅子，发出巨大的声音。女生入坐时，若是裙装，应用手将裙装稍稍拢一下。在正式场合，入座时要轻柔和缓，起座要端庄稳重，自然稳当，右脚向后收半步再站起来，不可猛起猛坐，弄得桌椅乱响，造成尴尬气氛。不论采用何种坐姿，上身都要保持端正，如古人所言的"坐如钟"。若坚持这一点，那么不管怎样变换身体的姿态，都会显得优美、自然。

图 3.6　坐姿示范

应当避免的坐姿：

（1）上体不直，左右晃动，这样显得没教养；

（2）粗鲁的猛坐猛起，弄得座椅乱响；

（3）"4"字形叠腿，并用双手扣腿，晃动脚尖，显得傲慢无礼，目中无人；

（4）很不雅观地把双腿分开，伸得老远；

（5）把脚藏在座椅下或勾住椅子腿，显得小气，不大方；

（6）太过随意地将腿抬到桌椅上，给人无礼高傲之感；

（7）脱鞋袜或以手触摸脚部，那样很不卫生。

7.蹲姿

在日常生活中，人们对掉在地上的东西，一般是弯腰拾起，但在公众场合中，特别是着裙装的女生，直接弯腰拾东西是不雅观的，这时要采用蹲姿，要做到大方得体，典雅优美。

蹲姿一般常用的标准姿势：高低式（见图 3.7）。左（右）脚在前，右（左）脚稍后，两腿靠紧下蹲。左（右）脚全脚着地，右（左）脚脚跟提起，脚掌着地。右（左）膝低于左（右）膝，右（左）膝内侧靠于左（右）小腿内侧，形成左（右）膝高右（左）膝低的姿态，臀部向下，以膝低的腿支撑身体。男士两腿间可以留有适当的缝隙，女士则要两腿并紧，穿旗袍或短裙时需更加留意。

图 3.7　蹲姿示范

8．见面礼仪

常见的见面礼仪包括：点头、微笑、问好、握手、鞠躬等。在这里我们主要介绍握手与鞠躬。

（1）握手礼——让交流从掌心开始：握手是一种沟通思想、交流感情、增进友谊的重要方式。握手姿势强调五到：身到、笑到、手到、眼到、问候到。

标准的握手方式：两人相距约一步，双腿直立，上身稍前倾，伸出右手，四指并拢，拇指张开相握，力度适中，上下轻摇三至四次，随即松开，恢复原状，眼睛注视对方，微笑致意或简单地用言语致意、寒暄，如图 3.8 所示。

图 3.8　握手礼仪

握手的先后次序主要根据握手人双方所处的社会地位、身份、性别和各种条件来确定。一般讲究"尊者决定"，即待长辈、女士、职位高者、已婚者伸出手来之后，晚辈、男士、职位低者、未婚者方可伸出手去与之相握。若两人之间身份、年龄、职务都相仿，则先伸手为礼貌。若一个人要与许多人握手，顺序是：先长辈后晚辈，先主人后客人，先上级后下级，先女士后男士。若一方忽略了握手的先后次序，先伸出了手，对方应立即回握，以免发生尴尬。若接待来宾，不论男女，女主人都要主动伸手表示欢迎，男主人也可对女宾先伸手表示欢迎。

握手方式有：谦恭式，又称"乞讨式"握手；支配式，又称"控制式"握手；无力型，又称"死鱼式"握手；"手套式"握手；抓指尖握手；"施舍型"握手。

另外，当对方久久地、强有力地握着你的手，且边握手边摇动，说明他对你的感情是真挚而热烈的；当对方握你手时连手指都不愿弯曲，只例行公事式地敷衍一下，说明对方对你的感情是冷淡的；当你还没把话说完，对方就把手伸出来，说明你的话对他不感兴趣，应尽快结束谈话。

与人握手应注意——肮脏的手握不住成功！

① 站着握手，力度适中，不要左顾右盼，一边握手，一边跟其他人打招呼。

② 见面与告辞时，不要跨门槛握手，不要交叉握手。

③ 单手相握时左手不能插口袋。

④ 男性勿戴帽子、手套与他人握手，穿制服者可不脱帽，但应先行举手礼，再行握手礼。女性可戴装饰性帽子和装饰性手套行握手礼。

⑤ 忌用左手同他人相握，除非右手有残疾。当自己右手脏时，应亮出手掌向对方示意声明，并表示歉意。

（2）鞠躬礼：意即弯身行礼，是对他人敬佩的一种礼节方式。鞠躬前双眼礼貌地注视对方，以表尊重的诚意。鞠躬时必须郑重地立正、脱帽，嘴里不能吃任何东西，或是边鞠躬边说与行礼无关的话。

9．介绍礼仪

人际交往是大学生学习生活的重要内容，掌握和应用见面礼仪是人际交往的第一关。为了提高大学生的综合素质，展现大学生的时代风采，学习见面礼仪尤为重要。

在见面礼仪中，介绍是一个十分重要的环节。介绍是交际之桥，介绍能为彼此搭建一座沟通的桥梁，缩短人与人之间的距离，增进彼此了解。通过介绍，能使不相识的人减少隔阂感；通过介绍，能帮助大家扩大社交圈子，结识新朋友，消除不必要的误会。

介绍一般有以下三种形式。

（1）自我介绍——大学生在交往过程中，自我介绍是常有的事。如推销自己时，到一个新的学校学习时，当对方不知道或者不记得自己的名字时，成功的自我介绍会给对方留下主动、热情、大方的印象，为今后进一步交往创造一个良好的开端。

（2）为他人介绍：首先要了解双方是否有结识的愿望；其次要遵循介绍的规则；最后是在介绍彼此的姓名、所在院系班级时，要为双方找一些共同的谈话材料。

以下是为他人介绍的基本规则。

① 位尊者、长者、女性有优先知情权。如："张小姐，我给你介绍一下，这位是李先生。"

② 将客人介绍给主人。

③ 将后到者先介绍给先到者。

介绍礼节如下。

① 介绍人的做法：介绍人、被介绍人、中介人成三角之势。手势动作要文雅：手心斜朝上，手背朝下，四指并拢、拇指张开约成 30°礼貌地示意向被介绍的一方，微笑看向介绍者。介绍时语言要清晰明了，以便双方记清对方姓名。在介绍某人优点时要恰倒好处，不宜过分称颂而导致难堪的局面。

② 被介绍人的做法：作为被介绍的双方，都要正面对着对方，介绍时除了女性和长者外，一般都应该站起来，但是若在会谈进行中，或在宴会等场合，就不必起身，只略微欠身致意就可以了。被介绍双方交谈后，中间人才可离开。

（3）集体介绍：如果被介绍的双方，其中一方是个人，一方是集体时，具体情况如下。

① 将一个人介绍给大家。这种方法主要适用于在重大的活动中对身份高者、年长者和特邀嘉宾的介绍。

② 将大家介绍给一个人。基本顺序有两种：一是按照座次或队次介绍；二是按照身份的高低顺序进行介绍。

10．电梯礼仪

乘坐自动扶梯时，要依次排队站立在右边，将左边留出来给有急事、要赶着上下的人。严禁挤、靠护栏或骑在扶手带上，每个台阶最好不要超过两个人。

在乘坐电梯时，也需要遵守相应的礼仪规范。在等候与进入电梯时，应让女士、客人、尊长先进先出。要先出后进，不要大声说话，不要抽烟，站在电梯口的人需要主动开关电梯，尽量不带宠物进入。

与不认识者乘电梯，进入时要讲先来后到，出来时则应由外而内依次走出，不可争先恐后。如果电梯无人控制，则应主动上前操控，特别是在人多时，要让电梯门保持恰当的开启时间，以方便他人进出。如果电梯超员，则应礼让女士、客人、尊长或他人，最后进去的人要自觉退出。

乘坐电梯时，不管里面的人熟不熟悉，都应该微笑示意，或轻声问好。如果电梯里人多，自己不方便按按钮，则应对靠近电梯门的人求助并及时说一句"谢谢"。和乘坐公交车一样，出电梯时如果人多，要对周围的人说"对不起，我要出去，麻烦让一下"，而站在门口的人为了不妨碍里面的人出去，也可以先走出电梯让出空间，以便于他人通过。电梯关门时，不要扒门或强行挤入。在电梯超载时，不要非进不可。

11．乘车礼仪

乘坐轿车是有讲究的，为了避免不必要的尴尬，我们需要了解一下位次排列的尊卑顺序。在这里我们有必要给大家介绍一下乘私家车或商务轿车的礼仪。乘私家车或商务轿车时：应遵循右为上、左为下、后为上、前为下的原则。一般情况下，司机后排右侧是上宾席。

大学生乘坐轿车时，应根据同行人员数量及身份的差别正确安排座次。就算是与朋友或同学同行，也可以依与自己关系的远近、年龄大小等因素排列，如有女士同行则应注意女士优先。应当请位尊者或女士先上下车。另外，前排一定要系安全带。乘坐出租车，通常应该上车后再告诉司机前往地址，这样既不会因为站在车外对话而发生意外，还可以防止司机拒载。

上下车时的礼仪：接送客人上车，按先尊长、主宾，后随员；先女宾后男宾的惯例，让客人先行。如果是贵宾，则应一手拉开右车门，一手遮挡门框上沿，到达目的地停车后，自己应先下车开门，再请客户下车。上车时，应请客人从右侧门上车，自己从车后绕到左侧门上车。

女士上轿车时，开门后半蹲将整裙摆顺势坐下，依靠手臂做支点，腿并拢抬高，脚平移致车内，调整身体位置，坐端正后，关上车门。下车时，首先，身体保持端坐状态，侧头，伸出靠近车门的手打开车门；然后略斜身体把车门推开，双脚膝盖并拢，抬起，同时移除车门外，身体可以随着转动，双脚膝盖并拢着地；最后，一手撑座位，一手轻靠门框，身体移近门边，从容从车身内移出，起身后等直立身体以后，转身面向车门关门。

公共汽车是现代城市生活和出行时使用的主要交通工具。乘坐公共汽车应注意：不要胡乱插队，先下后上；不要蜂拥而上，挤成一团；不要抢座位，主动给孕妇、儿童、老人和残疾人等让座，让座时，要真诚大方；不要在车上吃东西特别是汁液或容易掉渣的东西，以免弄脏车厢或者他人的衣物；不要把腿伸到过道上，不跷二郎腿，不随意脱鞋；不要吸烟吐痰、胡乱丢垃圾。

乘列车时的座位安排礼节：列车行驶方向靠窗子的座位为上席，然后是其对面的座位，接着是行驶方向路过的位置，最后是其对面的位置。

12. 餐桌礼仪

合理安排座次，会让人如沐春风。

不管是在大学，还是在职场，都少不了同学或同事之间为了增进友谊而进行的聚餐活动。在吃饭的过程中有哪些讲究呢？

（1）座位安排

"以右为尊""以远为上""面朝大门为尊"。

圆桌正对大门的为首席，上位左右手边的位置，则以离首席的距离来看，越靠近首席位置越尊，相同距离则右侧尊于左侧。

入座的礼仪：先请客人入座上席，再请长者入座，入座时要从椅子左边进入。入座后不要动筷子，更不要弄出什么响声来，也不要起身走动。若席上有女士，待女士入座后方可入座。

（2）点菜技巧

① 点菜时间：如果时间允许，应等大多数客人到齐之后，将菜单供客人传阅并请他们点菜。

② 点餐原则：人均一菜是较通用的规则，有荤有素，有冷有热，尽量做到全面。点菜时不要问价格，不要讨价还价。

③ 点餐的诀窍：优先考虑的菜肴，有中餐特色、本地特色、本餐馆的特色菜等。注意客人出于宗教、健康等原因的饮食禁忌。

（3）喝酒讲究

饮好开席的两杯酒。

① 第一次倒酒时，主方要亲自为所有客人倒酒，倒酒的顺序是逆时针。

② 喝完第一杯后，由主方对面的人（一般为主方帮手，又称主陪）帮忙为附近人添酒。

③ 敬酒可以多敬一，不可一敬多；要站起来，双手举杯；端起酒杯（啤酒杯），右手扼杯，左手垫杯底，记着自己的杯子永远低于别人（领导适可而止）。

④ 碰杯、敬酒时，要有说词；自己敬别人，如不碰杯，自己喝多少可视具体情况而定；自己敬别人，如果碰杯，一句："我喝完，您随意，"方显大度。

⑤ 如果没有特殊人物在场，敬酒最好按时针顺序，不要厚此薄彼。

⑥ 多给领导或客人添酒，不要盲目给领导代酒。

（4）倒茶学问

茶具要清洁，茶水要适量，端茶要得法，添茶要及时。

（5）餐桌礼仪注意事项

① 浅茶满酒。说的是给客人斟酒要倒满，敬茶只需七八分满。第一杯茶要敬给来宾中的年长者，如果是同辈，应先请女士用茶。添茶时先给别人，后给自己。一般离茶壶较近的人负责倒茶工作。

② 就餐时，如欲取用摆在其他客人面前的调味品，应请邻座帮忙传递。

③ "你在细品食物，别人在细品你。"小口进食，忌狼吞虎咽；取菜舀汤，应使用公筷公勺；送食物入口时，两肘应向内靠，避免碰及邻座；吃进口的东西，不能吐出来，如是滚烫的食物，可喝水或果汁冲凉。

④ 口内有食物，应避免说话。他人在咀嚼食物时，应避免跟人说话或敬酒。若不慎将酒、水、汤汁溅到他人衣服上，表示歉意即可，不必恐慌赔罪，反使对方难为情。最好不要在餐桌上剔牙，如果要剔牙，请用餐巾或手挡住自己的嘴巴。

（6）西餐的基本规范

① 餐具的使用：左叉固定食物，右刀切割食物，餐具由外向内取用，每个餐具使用一次。使用完的餐具向右斜放在餐盘上，刀叉向上，握把皆向右，等待侍者来收取。

② 进食的方法。

用刀切割主菜，一次吃一块，不可一次切完再逐一食用。口中有骨头或鱼刺时，用拇指和食指从紧闭的唇间取出。用叉食用色拉、卷食面条、取用水果。嘴里有果核，先轻轻吐在叉子上，再放入盘中。面包用手撕成小块放入口中，不可用嘴啃食。用汤匙由内往外舀汤，不可将汤碗端起来喝，喝汤时不可出声。

13. 职场面试应知应会

（1）仪容仪表

男士头发要求：前不覆额、后不蔽领、侧不掩耳，这样会给人干练、整洁的感觉。男士要剃胡须，清洁面部。男士不宜用香味浓烈的香水。

女生面试的时候着装不可过分时髦，也不可浓妆艳抹，给人一种华而不实的感觉。不穿奇装异服，以及过紧、领口开得太低和过于透明的服装，不要穿黑色皮裙、超短裙，鞋跟不宜过高等。发型要得体，美观大方，头发最好能扎起来，面着淡妆。职业外套不宜过紧，整体颜色搭配协调。丝袜无破损，以肉色为佳。鞋跟不宜过高、过细，夏日最好不要穿露出脚趾的凉鞋。饰物佩带不宜过于华贵、复杂；香水、护肤品味道不宜过于浓烈。

（2）注意事项

① 面试时间：守时是职业道德的一个基本要求，提前 10～15 分钟到达面试地点效果最佳，以示诚意，给对方以信任感，同时也可调整自己的心态，做一些简单的仪表准备，以免仓促上阵，手忙脚乱。为了做到这一点，一定要牢记面试的时间、地点，最好能提前去一趟，以免因一时找不到地方或途中延误而迟到。

② 目光：面试时，应试者应当与主考官保持目光接触，以表示对主考官的尊重。切忌目光犹疑，躲避闪烁，这是缺乏自信的表现。在面试过程中要不时面带微笑，当然也不宜笑得太僵硬，一切都要顺其自然。

③ 语音语调：应保持音调平静，音量适中，回答简练。

在面试时，走路身体要挺直，步伐不要过大，眼睛平视前方。进入主考官的办公室，一定要先敲门再进入，等到主考官示意坐下后，要站正坐直，这样会给人一种端正、庄重、稳定、朝气蓬勃的感觉。双手平稳地放在适当的位置，不要做与面试无关的小动作，尤其禁止腿神经质般的晃动、翘起等。

面试结束，礼貌地与主考官握手并致谢，轻声起立并将坐椅轻手推至原位置，出门时将门轻轻地关上。面试后 24 小时之内发出感谢邮件或短信，耐心等待面试结果。

六、拜访应注意的礼节

1．有约在先

拜访他人，要事先预约。在社会飞速发展的今天，时间就是效率。每个人每天工作都有计划、有安排，所以不管你与被拜访者的关系多好，有事需要拜访时应事先约时间，预约拜访的时间、地点和具体内容，以征求被拜访者的同意，同时也能让被拜访人做好相应准备。同时，还必须告知对方有哪些人会去拜访，如果临时有改变，也要事先告知。临时拜访、做不速之客是很不礼貌的。预约时间要尽量准确，并且要照顾对方的时间。拜访时间不宜太早，白天要避开吃饭和休息时间，晚上不要太晚。

2．守时守约

拜访要准时，不要提前，更不要迟到，要按事先预约的事项如约而至拜访他人。要做到准时拜访，不宜早到，因为可能会破坏被拜访者的时间安排；更不能迟到，不遵时守约的人，会极大地破坏自己的形象。若提前到可在外面等候，到了约定时间再进去。因为提前到别人家里或办公室拜访，别人可能没准备好，容易引起难堪。迟到是很不礼貌的，因不可避免的原因不能按时到达，应想办法提前通知对方并诚恳致歉；通知不了，事后一定要专门道歉，争取谅解。

3．礼貌登门

到达拜访地点，应先按门铃或敲门示意，门即使是开着的，也不可直接闯入。按门铃或敲门注意动作要轻，要有节奏地停顿，仔细听是否有回音。不能连续不断地用力敲门。

4．见面问候

对方开门后或示意可以进去后，见到被拜访者，要主动问候，并同时问候在场的其他人。若去不认识自己的老师办公室拜访，应先确认老师的身份，然后再问候，做自我介绍。如说"您好！请问×××在吗？""×××，您好！打扰您了，我是×××（班级/公司部门和职务），叫×××"。如果敲错门，别忘了道歉。对方请你进门后，你再进门。进屋后，屋里若有其他人，应与其他人点头致意。进屋后，要按被拜访者指引的位置落座，不可随意闯入其他地方。东西不要乱放，对方请坐后再坐下，并向对方谢座。按事先预约的拜访内容进行交谈，不能随意改变中心话题。与对方交谈时注意交谈礼节。始终以被拜访者为谈话对象，不能只顾和旁人聊天而忽略被拜访者，给人用心不专之嫌。

5．告辞礼节

拜访时间不宜太长，否则会影响被拜访者的工作或生活。一般在半小时至一个小时为宜。如需较长时间，应该表示抱歉和感谢。到吃饭、休息时间应告辞。有其他客人来访时也应告辞。说了告辞就要真的告别，不要因主人挽留而迟迟不走，因为这可能是主人礼节性的挽留。不要老看手机或表，让人觉得你急于想走；也不要在对方说完一段话或一件事后，立即提出告辞，这样会使对方认为你不耐烦和不感兴趣。告辞时一般遵从"先谢后辞"的原则。如恭敬地对对方说"打扰多时了，我该告辞了，谢谢您的帮助与指教，再见"。对方相送，应及时请其留步。拜访一些长辈、上级或其他较为重要的人，告辞回去后可以打电话或发短信再次表示感谢。

七、特定公共场所的行为礼仪

1．图书馆、阅览室

图书馆、阅览室是公共的学习场所，是大学生课余时间常去的地方。在这种公共的学习场所，最基本的礼仪就是保持室内的肃静和卫生，不能大声喧哗和吃零食，以免妨碍他人看书，更不能在里面占着位置睡觉。

到图书馆、阅览室学习，要注意着装整洁、规范，不要穿短裤、背心、拖鞋。不要抢占位置，随便帮没到的同学占位子，等别的同学去找书或上完厕所回来时，发现座位上坐了别人。如果留有书本仍被别人占据了座位，可以礼貌轻声协商，互相谅解。

2．影剧院

观众应尽早入座。如果自己的座位在中间，应当有礼貌地向已就座者示意，请其让自己通过。通过让座者时要与之正面相对，切勿让自己的臀部正对着人家的脸，这是很失礼的。应注意衣着整洁，即使天气炎热，袒胸露腹也是不雅观的。在影剧院万不可大呼小叫，笑语喧哗，也不可把影院当成小吃店，大吃大喝。演出结束后观众应有秩序地离开，不要推操。

八、旅游观光礼仪

1．游览观光

旅游观光者应爱护旅游观光地区的公共财物。对公共建筑、设施和文物古迹、花草树木，都不能随意破坏、乱写、乱画、乱刻；不要随地吐痰、随地大小便、污染环境；不要乱扔果皮、纸屑、杂物。

2．酒店宾馆住宿

旅客在任何酒店、宾馆住宿都不要在房间里大声喧哗，以免影响其他客人。对服务员要以礼相待，对他们所提供的服务表示感谢。

3．饭店进餐

尊重服务员的劳动，对服务员应谦和有礼，当服务员忙不过来时，应耐心等待，不可敲击桌碗或喊叫。对服务员工作上的失误，要善意提出，不可冷言冷语，加以讽刺。

【本章小结】

古人云："相由心生"。现代人也曾提出这样一种观点：知识行为美容论。他们认为，掌握丰富的知识，深化自己的内涵，用适当的文字、语言表达出来，是一种深层次的化妆，即生命的化妆。有的人尽管穿着高级名牌衣服，但其样式、色彩的选择都不合适，整体并没显示出美的效果；有的人礼仪语言的表达很动听，但给人的感觉是言不由衷；有的人在社交场合尽管按要求做了一些礼仪动作，但只有形似没有神似，因为他没有外在表现的根基——内在的修养。因此，大学生在学习礼仪行为规范的同时，还要注重自己的内在修养，在勤奋求知中不断地充实自己，以提高自己的礼仪水平。增加社交的"底气"，才能使自己在社交

准职业人导向训练教程（一）——基础能力认知与培养

场上温文尔雅、彬彬有礼、潇洒自如。

学好礼仪，提升个人品位与价值；用好礼仪，谈笑风生间纵横职场！你，怎么看？

_____
_____
_____
_____
_____

【思考与练习】

1. 练习妆容修饰，塑造一个适合自己的妆容，自备一套适合自己身份气质的服装。

2. 分组进行职场的模拟面试。

3. 通过学习本章内容，对镜自查仪容仪表及形体姿态，你的形体告诉了你什么？你将如何做？写一篇不少于800字的感悟文章。

第四章　基础表达

√　了解基础表达的重要性
√　培养自身表达的意识
√　口头表达能力的提高

本章难点

√　在一分钟内脱稿流畅地完成自我介绍
√　提高口头表达能力

　　表达，是用口说或用文字的方式把思想感情表示出来。而基础表达，一般指口头表达。口头表达能力的重要性日益增强，好口才也越发被认为是现代人所必备的能力。不管你生性多么的聪颖，接受过多么高深的教育，穿着多么漂亮的衣服，拥有多么雄厚的资产，如果你不能恰当地表达自己的思想，那么，你的能力将会大打折扣。作为现代人，我们不仅要有新的思想和见解，还要在别人面前很好地表达出来；不仅要用自己的行为对社会做贡献，还要用自己的语言去感染、说服别人。在人们的日常交往中，具有口才天赋的人能把平淡的话题讲得非常吸引人；而口笨嘴拙的人就算他讲的话题内容很好，人们听起来也索然无味。有些建议，口才好的人一说就通过了，而口才不好的人即使说很多次还是无法获得通过。

　　可见，良好的口头表达能力是一把打开成功大门的金钥匙，是成就一个人一生的财富！本章内容除了介绍什么是口头表达能力、如何提高口头表达能力以外，还有大量的情景演练。本章的目标是在大众面前清晰地表达自己的思想和意念。

第一节 口头表达能力

一、口头表达能力的概念

1. 口头表达能力的基本含义

口头表达能力即说话的能力（简称口才），是指用口头语言来表达自己的思想、情感，以达到与人交流的目的的一种能力。表现为对演讲、对话、报告、讨论、答辩、谈判、授课等各方面所具有的技巧与艺术的运用。

在日常生活交往中，口头语言起着直接的、广泛的交际作用。现代社会的发展，对人的口头表达能力提出了越来越高的要求。一个人口才不佳，类似壶里有饺子倒不出来，那对自己是非常不利的。大学生在求职过程中首先需要展示的才能就是口才，虽有才华但不善于口头表达，用人单位都会认为这是你的一个缺陷。

美国人早在 20 世纪 40 年代就把"会说话、金钱、原子弹"看作是在世界上生存和发展的三大法宝；60 年代以后，又把"会说话、金钱、电脑"看成是最有力的三大法宝。而"会说话"一直独冠三大法宝之首，足以看出会说话的作用和价值。

2. 语商测试

语商（Language Quotient，LQ）是指一个人学习、认识和掌握运用语言能力的商数。具体地说，它是指一个人语言的思辨能力、说话的表达能力和在语言交流中的应变能力。

语言能力并不是与生俱来的，而是人们通过后天学习获得的技能。虽然有遗传基因或脑部构造异常而存在着语能优势或语能残缺，但在现实生活中，由于每个人的主客观条件、花费时间和学习需求的不同，我们获得语商的快慢和高低也是不同的。这就表明人的语商主要还是依赖在后天的语言训练和语言交流中得到强化和提升。

语言是人类分布最广泛、最平均的一种能力。在人的各种智力中，语言智力被列为第一种智力。事实表明：语言在人的一生中占据着重要地位，是人们发展智力和社交能力的核心因素。

长久以来，人们总认为语言只是一种沟通工具，必须要熟练地掌握它、使用它。实际上，这种认识仅仅是从语言的交际功能出发。从语言和"说话人"的关系这层意思来看，语言是个"多媒体"——既可作为工具，同时也是心智的一种反映。例如，同样是说话，同样要表达一种意思，为什么有的人会"妙语连珠"，而有的人却"词不达意"？这就是心智的差异。假如一个人其他方面的能力很优秀，同时他的语商能力也在逐步提高，那么他一定会更优秀。语商不但可以使人用大脑思考问题，还可以使人随时用语言表达思考的问题。如果我们说话时用语准确，修辞得体，语音优美，那我们从事各项工作会更加游刃有余，事业就会更加成功，人生也会更加丰富多彩。

人们的语言交流和人际沟通能力在这个竞争日益激烈的 21 世纪显得更加重要，语商的提高将给我们带来新的生存机遇和人的素养的全方位提升。

我们生活在一个有声的语言世界中，语言能力是每个人一生中极为重要的生存能力。语言交流水平的高低就是语商的高低。通过进行表4.1 所示的测试，我们会对自己的语商有所把握。

语商测试题如表 4.1 所示。

表 4.1 语商测试题

说明：每题均有"Y""N"两个测试结果，请在你选择的对应框里打"√"		
测试题	Y	N
1. 我在表达自己的情感时，很难选择准确、恰当的词汇		
2. 别人难以准确地理解我口语和非口语所要表达的意思		
3. 我不善于与和我观念不同的人交流感情		
4. 我对连续不断的交谈感到困难		
5. 我无法自如地用口语表达我的情感		
6. 我时常避免表达自己的感受		
7. 在给一位不太熟悉的人打电话时我会感到紧张		
8. 向别人打听事情对我而言是困难的事		
9. 我不习惯和别人聊天		
10. 我觉得同陌生人说话有些困难		
11. 同老师或是上司谈话时，我感到紧张		
12. 我在演说时思维变得混乱和不连贯		
13. 我无法很好地识别别人的情感		

测试题	Y	N
14. 我不喜欢在大庭广众面前讲话		
15. 我的文字表达能力远比口头表达能力强		
16. 我无法在一位内向的朋友面前轻松自如地谈论自己的情况		
17. 我不善于说服人，尽管有时我觉得很有道理		
18. 我不能自如地用非口语（眼神、手势、表情等）表达感情		
19. 我不善于赞美别人，感到很难把话说得自然亲切		
20. 在与一位迷人的异性交谈时我会感到紧张		

测试得分说明如下（答一个"Y"得1分，答一个"N"得0分）。

（1）得分在 14~20 分，表明你的语商较低，语言表达能力和语言沟通能力还很欠缺。如果你的性格太内向，这会阻碍你的语言能力的提高，你应该尽力改变这种状况，跳出自己的小圈子，多与外界接触，寻找一些与别人言语交流的机会，努力培养自己的说话能力。只有这样，你才有希望成为一个受欢迎的人。

（2）得分在 7~13 分，表明你的语商良好，语言表达能力和语言沟通能力一般，如果再加把劲儿，你就可以很自如地与人交流了。提高你的语言能力的法宝是主动出击，这样可以使你在语言交流中赢得主动权，你的语商能力自然会迈上一个新的台阶。

（3）得分在 0~6 分，表明你的语商很高，你清楚怎样表达自己的情感和思想，能够很好地理解和支持别人，不论同事还是朋友，上级还是下级，你都能和他们保持良好的言谈关系。值得注意的是：千万不要炫耀自己的这种沟通和交流能力，那样，会被人认为你是故意讨好别人，是十分虚伪的表现。尤其是对那种不善于与人沟通的人，更要十分注意，要做到用你的真诚去打动别人，只有这样，你才能长久地维持你的好人缘，你的语商才能表现得更好。

二、如何提高口头表达能力

如何在各种谈话场合中，利用自己的言谈来赢得别人的尊敬和赞扬？这就需要提高我们的口头表达能力了。通常来说，我们需要从有声语言、肢体语言、主体形象三个方面进行努力。

1．建立自信，让有声语言更有魅力

语言有三美：意美以感人，一也；音美以感耳，二也；形美以感目，三也。其中说的"音美以感耳"就是有声语言。声音是一门独特艺术，能穿透灵魂、感动心灵、启发智慧，也可以塑造魅力独特的世界。

有人这样形容声音的表达作用："有这样一群人，他们用他们的声音为依托，通过语气、语调、语速、重音的变化和情绪的调动，或刚劲、激扬、气贯长虹、排山倒海，或温馨、柔美、曲折委婉、浸润心田，以情感再现艺术作品的思想内涵，用声音重塑艺术作品的人物形象，把听众带入作品创设的艺术境界，使听众心灵得到艺术魅力的感染和高尚情操的净化。"在有声语言的表达中，我们需要注意以下三个方面。

（1）注重明确性和简洁性。在表达的过程中，直奔主题，用尽量少的语言表达尽量多的信息。对表达者而言，可以让自己的表达更有影响力，而对于倾听者来说，可以让其节省更多的时间。要让表达更简洁清晰，这就需要我们在表达时，对自己表达的信息先做一定的处理和加工，而不是将脑海中想到的所有细枝末节的内容全部呈现出来。因此，下面的四个部分是非常重要的：首先需要目标明确，表达者知道自己需要表达些什么；其次寻找一个合适的结构，将表达的内容有效地组织起来；接下来还要做到内容精简，去除表达中那些无用的信息；最后为了让表达更清晰，表达者应该努力消除可能在表达中造成误解的部分。

（2）注意谈话对象。古人所谓的"言之有礼"，是指说话要分清对象，恰如其分，有礼有节，说话时态度和蔼，表情自然，语言亲切，表达到位。我们都知道有一个成语叫"对牛弹琴"，它讽刺的就是"说话不看对象"。琴弹得再好，对牛也没有任何意义。说话也一样，不看人说话也没有任何作用，有时还会招来不必要的麻烦，甚至杀身之祸。例如，我们对一个目不识丁的老太太大讲 WTO、普希金、雪莱这些她完全不懂的东西，岂不是白费口舌？直言朱元璋皇帝过去放牛煮豆故事的穷苦朋友被杀，岂不是祸从口出？我们说话一定要顾及听话的人——形形色色的人，要了解听话者的身份、年龄、职业、爱好、文化修养等诸多方面的情况，只有这样，我们所说的话才有意义，才能达到预期的目的。

（3）语言要得体。吕叔湘先生说过："此时此地对此人说此事，这样的说法最好；对另外的人，在另外的场合，说的还是这件事，这样的说法就不一定好，就该用另外一种说法。"吕先生说的就是语言得体的问题。语言表达"得体"，指能够根据不同的对象，区别不同的场合，选用恰当的语句来表情达意，体现语境和语体的要求，包括言语、行动等都要恰如其分。有人通俗地说，所谓得体就是根据需要说相应的话。

2．善用肢体语言

一个人要向外界传达完整的信息，单纯的语言沟通成效很低，而加入了肢体语言就会好很多，更能丰富表达的意思，使表达更精确。肢体语言通常是一个人下意识的举动，它很少具有欺骗性。诸如鼓掌表示兴奋，顿足代表生气，搓手表示焦虑，垂头代表沮丧，摊手表示无奈，捶胸代表痛苦等，我们可以通过肢体语言来表达情绪，别人也可由之辨识出用其肢体所表达的心境。

积极的心态产生积极的肢体语言，消极的心态产生消极的肢体语言。我们可以通过学习了解一些常见的肢体语言，避免在一些重要场合传递出消极的信息，造成不良的影响；同时，在交谈过程中，可以善用积极的肢体语言，拉近双方的距离，促成良好的效果。

常见的肢体语言如表 4.2 所示。

表 4.2　常见的肢体语言

肢体语言	传递信息
眯着眼	不同意、厌恶、发怒、不欣赏、蔑视、鄙夷
来回走动	发脾气、受挫、不安
扭绞双手	紧张、不安或害怕
向前倾	注意或感兴趣
懒散地坐在椅中	无聊或轻松一下
抬头挺胸	自信、果断
正视对方	友善、诚恳、外向、有安全感、自信、笃定、期待
避免目光接触	冷漠、逃避、漠视、没有安全感、消极、恐惧或紧张等
点头	同意或者表示明白了，听懂了
摇头	不同意，震惊或不相信
搔头	困惑或急躁
咬嘴唇	紧张、害怕或焦虑、忍耐
抖脚	紧张、困惑、忐忑
抱臂	漠视、不欣赏、旁观心态
眉毛上扬	不相信或惊讶、蔑视、意外
笑	同意或满意、肯定、默许

人们在交谈、演讲、倾听的过程中，会不经意间做出这些动作，表达出内心的真实想法。只要掌握这些身体语言，就能更加准确地了解对方传递的信息。

3．用形象来加分

个人形象有时等同社会学角色，社会对不同角色有不同的期许。个人形象是内容与形式的统一，即外在形象与内在涵养的统一，良好的专业形象能更好地展现自我魅力。我们的个人形象要和我们的性别、年龄、社会地位、工作等相符合。在第三章中，我们已经学习了很多关于礼仪与个人形象的问题，在这里，我们探讨的主要是外在形象包装，包括仪容和服饰。

（1）头发。头发可以反映出一个人的工作习惯和处事风格，因此要注意自己头发的整洁度。男士头发不宜过长，要经常理发，以保持头发长度适宜并梳理整齐。女士的头发可以随意些，但不要看起来零乱或染成多种色彩，否则会给对方缺乏条理的感觉。

（2）面部。男士应养成每天刮胡须的习惯，女士则应该"轻妆上阵"。恰如其分的化妆可以给人清洁、健康的印象。女士可以根据自己的特点，使用适宜的粉底霜、口红、眼影。总体要求是淡雅、自然、适当。

（3）服饰。服饰要求整齐干净，协调自然，符合年龄、身份、脸型、身材、民族审美意识等，并和具体环境、氛围相协调。

（4）气味。忌食辛辣及气味不好的食物，如葱、蒜等，以免散发不宜人的气味。可以使用口香糖和香体液。女士可以使用适量的香水，但不应该过多，气味也不应过于浓烈。

第二节　口头表达演练

一、一分钟自我介绍

自我介绍是人际交往中与他人进行沟通、增进了解、建立联系的起点，也是几千年文化的积累，更是做好一名职业人的起点。

在社交场合，若能正确地利用介绍，不仅可以扩大自己的交际圈，广交朋友，而且有助于自我展示、自我宣传，在交往中消除误会，减少麻烦。

1．自我介绍的类型

自我介绍看似很简单，但是在不同的场合，要有不同的应对方式。下面我们根据不同的场景来介绍几种自我介绍类型，重点探讨面试中的自我介绍。

（1）一般社交场合的自我介绍

一般社交场合的自我介绍，其主要内容和基本规则，不外乎是姓名、出生地、毕业学校、职业、经历、专长、兴趣等。在出席各种社交会议时，例如，各种委员会、职业方面的协会、出版纪念会等，均会遇到需要自我介绍的场合，此时自我介绍的好坏，直接关系到他人对你的印象如何。根据这些社交场合的不同性质与目的，如何相应地自我介绍，是要下一番功夫的。

在国际国内的一些大型会议中，会议代表往往挂着写有姓名、单位的"出席证"，这是为了代表之间自我介绍的方便。在一些社交活动中，你有很好的理由去认识另外一个人，那时你尽可以自如地做自我介绍。比如，你可以去问一位想认识的人："李太太，你可是家母的朋友？我是××，×××太太的女儿。"李太太可能会说："是的，我认识令堂。很高兴你来找我谈话。"

（2）非正式社交场合的自我介绍

这一类自我介绍，方式灵活多样，最大特点是大多在非正式场合里，且多为个人主动行为。

比如，你要赴某单位洽谈公务，而这个单位的人你却一个都不认识，这就需要你做一番自我介绍。这种自我介绍宜开门见山、简明扼要。当你走进一个从未去过的办公室时，最好的方式是对门口的接待小姐说："早上好，我是×××。我和××先生约定上午×时会面。"同时将你的公务名片拿给她，这有助于接待小姐向秘书正确地通报你的姓名。如果你事先没有安排约会，你最好对你的业务工作略作介绍。例如，"早上好，我是罗吉。我想拜会陈一先生，谈一谈我们公司所生产的安防系统。"

（3）进入新单位、团体中的自我介绍

对于公司或机关等单位的新进职员来说，自我介绍尤其重要。因为他对所属单位里的人员原本都不认识，所以给他们第一印象的自我介绍是好是坏，关系极为重大，往往直接影响到以后相处是否融洽、发展是否顺畅。在这种情况下，你可以根据你的岗位特点、团队氛围来进行自我介绍，以便更快地融入新团队。

（4）打电话时的自我介绍

打电话时也离不了自我介绍。电话中的自我介绍，一是着重说清姓名与单位，二是语言要有礼貌。

当你接通了电话时，你必须马上先说明自己是谁，如："您好，我是×××公司的×××，请陈一先生听电话好吗？"所有名称必须简洁，要尽可能地让对方明白、清楚，并富有人情味。

（5）求职面试时自我介绍

现代社会人才的流动盛行，招聘与求职极为普遍。当你准备去某一企业求职或应聘时，对于这一企业而言，你是陌生的，你要取得别人的认可，你必须先作自我介绍。你一走进面谈室，第一件事便是向室内的各位主持人行礼致意，并同时自报姓名，说明来意："你好，我是×××。前来应聘面谈。请多加指教。"

有些行家指出，求职者面谈时的自我介绍，往往被认为是能否录取的关键。此时的自我介绍，带有明显的自我推销特色，如果把握得好，是会大有益处的。因此，在自我介绍时，要突出叙述那些合乎公司理想的经历。

个人经历常常是面谈时被问及的一个问题，从公司方面来说，必须了解求职者的经历，才能对该人的才学、品德、性格有所了解；而对你来说，这正是向公司推销自己的一个机会。因此，在谈自己经历时，你就不妨在以往生活经验中找出那些合乎公司理想的方面来重点详细地叙述，而其他与此无关或关系不大的事情则可少讲或不讲。这样，可以顺水推舟地将自己的长处自然表现出来，就可以给面试者留下一个深刻的印象。

自我介绍可以从以下几个方面展开。

① 个人专业知识的角度

专业知识上的优势有两种：一种是学习成绩上的优势，另一种是实际操作能力的优势。对于成绩好的应届毕业生，可以在陈述中提到自己的在校成绩，用优异的在校成绩来证明自己专业知识上的优势。在这里，有一个很关键的点就是，考生要把自身所取得的优异在校成绩主要归功于在校老师的辛勤培育以及个人的勤奋，切忌说"自己天分高"

"接受能力强"或"从小到大成绩都比较优秀"之类的话，这类话一旦说出会给人"自视过高"的印象，不利于在面试中获得高分。

而对于成绩一般的应届毕业生，在回答该问题的时候，就要注意不要给面试官一个在校期间"无心向学，不勤奋，不热爱本专业"的感觉。在讲述专业知识上的优势时，应该突出自己比较注重专业知识的实际运用，要强调自己热爱本专业的知识，但注意力集中在实际运用方面，并且强调在学习专业知识的过程中得到了老师的关照和爱护，学到很多很实用的知识。对于学习成绩不是特别好的原因，考生可以这样回答：原因是自己本身考试的能力相对比较薄弱，不大会考试，而自身的学习注意力很多时候没有在考试题目上，所以一定程度上影响了考试成绩，但自身对考试的态度是很认真的，同时老师对自己的教育很好，自己在校所学已经可以适应社会的要求。

对于非应届考生来说，就需要强调自身毕业后从事的是与本专业相关的职业。要告诉考官，自己是一个幸运的人，自己在毕业后遇到了很专业、很有水平的领导和同事，得到了他们的许多帮助，在工作中学到许多专业知识，自身能力在毕业后提高了很多。而自己刚开始参加工作的时候，由于工作经验不够，许多在校的专业知识无法很好地应用在工作中，但有了工作经验后，自己已能很好地把专业知识应用在工作中，所以从专业知识的角度，自己是很适合该应聘职位的。

② 个人性格的角度

谈到面试者的个性是否合适招聘职位，那就要从应聘职位对面试者个性要求的共性和个性分别着手分析了。例如，我们现在面试"大数据分析师"职位。从大数据分析师性格的共性上看，要几方面共同的要求："谦虚谨慎、沉着冷静、胆大心细、敢于承担责任、团结而顾全大局、服从上级"等。面试者在做自我陈述的时候就要把这些要求融合在答题中。同时也要关注大数据分析师性格的个性，对于这方面的准备，面试者在面试前就要回顾面试职位的具体要求，是属于哪个部门、部门架构如何、是否要派往外地工作等，以及要上网站查询面试单位的具体业务。从这些单位业务信息及招聘职位信息来找到具体职位对面试者性格上的特殊要求。总之，要有针对性地体现自己的性格，使自己无论从职位所需性格的共性还是个性上看，都是适合从事大数据分析师的人选，而且是可以长期从事本职位的人选。

③ 个人经历的角度

这里的个人经历从时间段上来划分主要指两方面：学校经历和工作经历。

对应届毕业生来说，主要的经历当然是指学校经历，那么在学校中的经历主要有工作经历、学习经历、获奖经历、勤工助学经历。学校中的工作经历主要分为：学校团委工作经历（团干部）、学生会工作经历（学生会干部）、社团工作经历（社团干部）、班集体的工作经历（班干部）。对面试者来说，这部分的陈述应该有所侧重，重点谈自己最辉煌的一面。这里有一点需要强调的是，如果面试者在校期间的学生工作经历非常丰富，几乎遍及各个方面，那么请注意，切不可陈述时间过长，挑最有代表的部分来说就可以。陈述时间过长一方面显得累赘，另一方面有可能让面试考官觉得考生在"炫耀"，易引起考官的"不好印象"，不利于在面试中获得高分。

学校中的学习经历主要由是否获奖学金来说明问题。若获过奖学金，可以略为陈述，若未获过奖学金，则可以避免谈这方面的问题。

学校中的获奖经历，包括体育、文艺、科技方面的奖项，这里有一点需要注意的是不需要罗列具体的获奖项目。例如，你在面试的时候这样说："本人曾获得全校第二届'当代大学生三个代表'征文比赛的一等奖、'畅想未来'三校征文比赛一等奖……"试想一下，假如你这样对面试考官罗列自己的"奖项"，面试考官会有好印象吗？不会。而且这样详细的罗列完全没有必要，因为完整具体的获奖经历在你递交的资料中已有显示。对于上述的情况，实际上正确的表述方法应该是说："本人获得过一些征文比赛的奖项，在写文章方面有一定特长，可以在机关从事（胜任）一定的文字处理工作。"

很多人都忽视了勤工助学经历方面的内容。实际上这种经历很能体现面试者的精神和毅力。那就是面试者在经济不宽裕的情况下，仍然可以靠自己的努力完成学业，这种经历本身就是值得赞扬的。面试者若能很好地体现自己这方面的经历，可以获得不少印象分。

对于非应届毕业生，即在职人士来说，工作经历就要做为侧重点来陈述。这里要特别强调的一点是，要侧重于团队合作的经历及自己组织协调方面的经历。总之，一个大的原则就是面试者不能让考官感觉是个人能力很强，但团队合作不行，在集体协作的情况下能力不突出。对于现在的企业来说，真正需要的，应该是自己素质不错，在集体中能发挥更大效用的员工。这里要突出强调的一点是，不要谈跳槽，不要谈以前自己怀才不遇，不要谈自己过去领导和同事的不足或缺点，不要谈过去的工作薪水不高。要告诉考官，过去的经历是美好的，给自己的发展和能力的提高有很大的帮助。

那么，一分钟的面试自我介绍怎么做才精彩？

第一步，认识自己。

仔细想想自己都有哪些优点，取得过哪些成就。面试自我介绍，需要简单提及自己取得的重大成就，以及获得的主要资质，如某个证书。

第二步，投其所好。

用有趣的方式讲一个能体现个人特点的故事。雇主想要听的是你取得的成绩，个性化的故事能帮助你脱颖而出。个人故事的时间最好控制在 20 秒内。

第三步，事先演练。

做一次计时的面试自我介绍演练，确保你的讲话不会超过一分钟。向你的家人、朋友做一次模拟练习，并收集反馈意见。用摄像机拍下你做面试自我介绍的过程，注意自己讲话是不是够礼貌，说话的声音是不是合适。记得演练时保持微笑，并吐字清晰。

2．自我介绍演练

自我介绍做得是否好，对你们的影响至关重要。特别是大一新生，很多人的口头表达能力因为没有得到锻炼，相对较差；因为不自信、在意别人对自己的看法、害怕说错等原因，不会表达，说话紧张、害羞。所以，在授课过程中，可以让学生在课堂上进行一分钟的自我介绍演练。

一分钟自我介绍演练内容可以包括姓名、年龄、班级、参加的社团及职务与收获、家庭状况、兴趣、特长等内容。而在做自我介绍演练的过程中，除了前面提到的要点外，还需注意以下几点：

（1）在纸上提前写下演讲内容，多熟悉；

（2）自我介绍前向听众问好；

（3）适当的情绪控制和使用肢体语言；

（4）声音洪亮有力，可以通过声调、语速来突出自我介绍的重点；

（5）面带微笑，目光要与听众进行交流，有自信；

（6）注意时间的把控；

（7）自我介绍结束后向听众致谢。

除了一分钟自我介绍演讲以外，还可以通过模拟面试情境，让学生通过角色扮演进行求职面试时的自我介绍，以加深印象。

二、即兴演讲

所谓即兴演讲，就是在特定的情境和主体的诱发下，自发或被要求立即进行的当众说话，是一种不凭借文稿来表情达意的口语交际活动。演讲者事先并没有做任何准备，而是随想随说，有感而发。即兴演讲的特点是：毫无准备，演讲者必须快速思考，并以最快的速度找出恰当的语言来反映自己的思维。这就需要演讲者具备敏捷的思维能力和敏锐的语言感应能力。即兴演讲是锻炼思维和口语表达能力的最有效的演讲形式。

即兴演讲的特点如下。

（1）篇幅短小精悍。即兴演讲是临时起兴，毫无准备，不容易长篇大论，而要求在最小的篇幅里能够阐明一个道理。另外，即兴演讲的场合多是生活中的一个场景，或答辩、或聚会，演讲者只是表达一下自己的心意和看法或者情感，因此不需要很长的篇幅。

（2）时境感强。即兴演讲现实性非常强，到什么山唱什么歌，什么场合说什么话，因此即兴演讲一定要契合现场的气氛，或严肃、或诙谐、或喜庆、或伤感，等等，时境感相当强烈。

（3）就事论事，有感而发。即兴演讲必须从眼前的事、时、物、人中找出触发点，引出话头，然后再将心中的所思所想说出来，因此即兴演讲都是演讲者真实思想的流露，言为心声。

（4）形式自然，灵活多变。即兴演讲形式灵活，可以采取多种形式，就事论事，或引发一个故事分享、或发表一段感言、或就某个问题进行辩论、或来一段即兴点评等等，形式不限，只要有感而发，能表达自己的某一种感受或是观点就行。

1．即兴演讲的要求

即兴演讲对演讲者的要求较高，主要包括以下几方面的内容。

（1）具有一定的知识广度。只有学识丰富，才能在短暂的准备时间内从脑海中找到生动的例证和恰当的词汇，为即兴演讲增添魅力。这就要求演讲者具备一定的自己所从事的专业知识，并能了解日常生活知识，如风土人情、地理环境等。

（2）具有一定的思想深度。这是指即兴演讲者对事物纵向的分析认识能力。演讲者对内容应能宏观地把握，通过表层迅速深入到事物本质上去认识，形成一条有深度的主线，围绕着它丰富资料，连贯成文，以避免事例繁杂、脱离主题。

（3）具有较强的综合材料的能力。即兴演讲要求演讲者在很短的时间里把符合主题的材料组合、凝练在一起，这就使演讲者应具备较强的综合能力，有效地发挥出其知识的广度和思想的深度。

（4）具有较高的现场表达技巧。即兴演讲没有事先精心写就的演讲辞，临场发挥是特别重要的。演讲者在构思初具轮廓后，应注意观察场所和听众，摄取那些与演讲主题有关的人物或景物，力求因地设喻、即景生情。

（5）具有较强的应变能力。由于演讲前无充分准备，在临场时就容易出现意外，如怯场、忘词等现象。遇到这种情况，只有沉着冷静，巧妙应变，才能扭转被动局面，反败为胜。

2．即兴演讲基本技巧

即兴演讲有很多的技巧和方法，下面将介绍一些非常实用的技巧。

（1）学会快速组合。即兴演讲因为现场没有充裕的时间去准备，因此必须尽快地选定主题，然后将平时积累的相关材料围绕主题，进行快速组合，甚至边讲边思考。

（2）学会抓触点。触点就是可以由此生发开去的事或物。即兴演讲需要因事起兴，找到了触点就找到了起兴的由头，就可以有话可说。先从由头慢慢地边思考边说下去，就容易打开思路。

（3）情感充沛，以情夺人。要使听众激动，演讲者自己首先要有激情。演讲者动了真情，才能喜怒哀乐分明，语言绘声绘色，从而感染听众，达到交流情感的目的。

（4）演讲语言生动活泼。根据听众的知识结构和文化修养，选用不同风格的语言。对一般群众的演讲可选用朴素的语言，而对文化素养较高的听众则可选用高雅的语言。这就要求演讲者要善于平时学习人民群众中生动活泼的语言，吸收外国语言中有益的成分，学习古人语言中有生命的东西。

（5）短小精悍，逻辑严密。即兴演讲多是在一种激动的场合下进行的，没有人乐意听长篇讲话，因此必须短小精悍。短小，指篇幅而言；精悍，指内容而言。即兴演讲不能像命题演讲那样讲究布局谋篇，但也要结构合理，详略得当，要有快节奏风格和一气呵成的气势，切忌颠三倒四、离题万里、拖泥带水、重复拉杂。

3．即兴演讲演练

在即兴演讲演练的过程中，需要根据其特点，灵活运用上述所说基本技巧，以达到提高口头表达能力的效果。下面给大家介绍一种即兴演讲的训练方法：散点连缀法。

散点连缀法是将几个表面上看似没有关联的、甚至毫不相干的词语，通过一定的语言表达方式，巧妙地连缀起来，组合成一段话，表达一个完整的意思。

例如，进行即兴演讲，其中需要包含"校友、咖啡、遭遇"三个关键词。

这三个词语，看似毫不相干，但通过散点连缀方法，可以即兴演讲组成如下一段话：

"在一次校友会上，我们几个老同学聚在一起聊天。朋友问我喝什么饮料，我说来杯咖啡吧，咖啡加点糖，甜中有苦，苦中有甜，二者混在一起有种令人回味无穷的滋味。我想这正好与我们这代人的经历遭遇相似，分别几年了，我们都已经走向了不同的岗位，回想起来，真是有苦有甜啊！"

其实无论看起来多么"散"的事物，只要我们认真研究他们之间的关系，给它们一个恰当的思想，就能把它们结合起来，表达出一个观点。这种训练方式非常有效，同学们可以平时在生活中经常运用。

同学们在演练过程中，要努力克服胆怯心理，有意识地运用上述所说技巧，经过多次演练，相信你的口头表达能力一定有较大的提升。

第三节　翻转课堂——我眼中的大数据

前面我们已经学习了关于表达的基础内容，但表达能力的提高绝不是仅仅依靠基础知识的学习就可以成功的，关键还在于将理论知识与实践练习相结合才能事半功倍。身为大数据专业的学生，我们已经接触大数据有一段时间了，你应当对你的专业有一定了解，并且在别人问起你的专业时应该能很准确清晰地向别人介绍明白。相信很多同学已经遇到过类似的情况，为了使我们可以更好地了解我们的专业，培养我们的专业介绍水平，借以提升自身的基础表达能力，下面将采用翻转课堂的方式进行表达能力训练。

1．课堂主题

我眼中的大数据。

2．课程目标

（1）通过课堂前"知识获取"，让学生更加深入地了解大数据，破除大数据的神秘感，提升专业介绍水平。

（2）在小组合作完成任务的过程中，学会敢于表达，讲述自己的观点，通过交流碰撞出新的火花。

（3）通过"课堂内化"，让学生敢于在大众面前进行展示、演讲，提高口头表达能力。

3．实施方法与要求

（1）以小组为单位，各小组可以通过调查问卷、网络调研等多种形式了解大数据的现状，可以是大数据的发展历史，也可以是大数据的行业应用情况，以及大数据人才的需求、就业情况等内容。

（2）各小组选取一个点去进行了解，在展示的过程中，尽量表述清晰，并加入你们组员对大数据的展望、期许等。

（3）各小组把了解到的情况以 PPT 的形式展示，并在课堂上进行展示。

4．注意事项

（1）注意在展示过程中融入基础表达的技巧与要领。

（2）语言要清晰，逻辑要正确，不脱离主题。

（3）注意把控时间，要在规定时间内完成展示。

【本章小结】

本章通过一些实际案例帮助刚入校的大学生认识到基础表达能力的重要性，提高了他们自主培养表达能力的意识，并通过实践与训练，切实提高自身的口头表达能力。

相信经过理论的指导，还有自己坚持不懈的锻炼，最终你一定能自如地站在大众面前进行很好的表达。

你可以在下面写下自己的学习和训练体会，帮助自己进一步提高。

_____

_____

_____

_____

_____

【思考与练习】

1. 一分钟自我介绍

（1）假设现在你在参加学校暑假的夏令营活动，大家来自不同的学院、专业、年级，请你做个一分钟自我介绍。

（2）假设现在你在面试学校社团干事的岗位，请你做个自我介绍。

2. 有人认为：青春像一座山，背负一路感伤。郭敬明也曾说：青春是道明媚的忧伤。请围绕"青春"这一主题，进行即兴演讲。

3. 根据本章的内容和你对大数据的理解认知，向你的朋友介绍大数据的发展现状。

第五章　沟通始于心

本章重点

√　了解沟通的过程及组成要素
√　学会聆听
√　学会提问

本章难点

√　有效发送信息的技巧
√　各层级沟通技巧
√　有效聆听的步骤

　　说话谁都会，但如何把话说得艺术，如何跟他人进行很好的沟通，建立良好的人际关系，就不是每个人都能做好的。想要更好地与人沟通，就需要学习一点沟通的技巧。俗话说"美言一句三冬暖，恶语伤人六月寒"。良好的沟通技巧是现代职业人必备的能力，本章将介绍如何进行有效的沟通。

　　通过对本章内容的学习，我们可以了解到沟通过程及组成要素，掌握有效发送信息的技巧，学会聆听和提问，不断提升我们人际交往的能力。

第一节　沟通的过程及组成要素

美国著名成功学大师奠基人卡耐基曾说过："所谓沟通就是同步"。每个人都有他独特的地方，而与人交际则要求他与别人一致。沟通是指可理解的信息或思想在两个或两个以上的人之间传递或交换的过程。

一、沟通的过程

沟通就是信息传递的过程，完整的沟通过程（见图 5.1）：发送、接收、反馈。

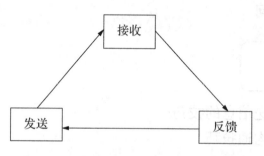

图 5.1　沟通的过程

沟通是一个完整的双向交流的过程：发送者要把他想表达的信息、思想和情感，通过语言发送给接收者；当接收者收到信息、思想和情感后，会提出一些问题给对方一个反馈，这就形成一个完整的双向交流的过程。在发送、接收和反馈的过程中，我们需要注意的问题是：怎样做才能达到最好的效果。

在沟通过程中，首先，观察信息的发送过程。请注意，这里指的信息，包括信息、思想和情感。在沟通中，发送的不仅仅是信息，还有思想和情感。在发送信息的时候，需要注意以下几个方面。

1．选择有效的信息发送方式（How）

假设你在工作中要发送一个信息，首先要考虑用什么方式去发送，而这些发送方式是我们在工作中经常用到的。

想一想，工作中你经常通过哪些方式与别人沟通：电话、E-mail、传真，还是面对面的会议等。表 5.1 为发送信息的一个实例及其不同沟通方式的比较。

表 5.1　发送信息举例及其不同沟通方式的比较

发送信息	采用方式	改用其他方式	比较优缺点
举例: 开会	电话	亲自通知	电话:快捷,方便;信息量小,传递信息可能不准确 通知:耽误时间,不方便,不一定找到本人,但信息传达准确,信息量大。这可以作为会前的简单沟通方式,便于开会时大家更好地沟通、理解、发挥。使对方感到被尊重

（1）发送信息首先要考虑选择正确的方式

在沟通的过程中,为了达到良好的沟通效果,首先要选择正确的方式,因为不同沟通方式之间的效果差距是非常大的。

（2）发送方式要根据沟通内容偏重度来选择

例如:将你的一份报告传给你的同事或交给你的上级,更多的是一种信息的沟通;与客户沟通更重要的是为了增进你和客户之间的感情和信任,这个时候,信息是次要的,情感是主要的。所以,在选择沟通方式的过程中,首先要考虑沟通内容本身是以信息为主还是以思想和情感为主,根据不同内容来选择合适的沟通方式。

【思考与练习】

在日常生活与学习中,你常用哪些方法传递信息?

_____

_____

请考虑,如果改用其他的方式是否会带来更好的效果?

_____

_____

【案例】

很多 IT 公司都有非常好的沟通渠道。微信与 QQ 是大家最常用的即时通信软件,对于日常生活的信息交流来说已经够用了。在大公司,这些软件已经不能满足工作的需求,于是面对工作的沟通软件被开发出来,并被广泛使用。例如,阿里使用钉钉;腾讯使用企业微信;百度使用内部开发的工具百度 Hi,这个工具具有语音视频通话,文件处理等功能;360 为防止数据泄密,内部开发了蓝信;而美团只用大象。钉钉是目前国内市场占有率较高的办公通信软件，这个软件不仅具有通信功能，还具有支付、文件、云盘、公告的功能，甚至可以知道对方是否读取消息。一提到腾讯，大家都会想到微信与 QQ，但实际上，腾讯内部并不使用这些工具软件办公，而是使用企业微信，它更能满足工作的需求。

这些沟通方式是不是就能满足人与人之间的交流需要了呢？很多时候，我们往往忽略了最好的沟通方式：面谈。致使在电子化沟通方式日益普及的今天，人和人之间的了解、信任和感情淡化了许多。一家著名的公司为了增进员工之间的相互信任和情感交流，规定在公司内部 200 米以内不允许用电话进行沟通，只允许面对面的交流，结果产生了非常好的效果，公司所有员工之间的感情非常融洽。所以，不论作为一个沟通者或者作为一个管理者，你一定不要忘记使用面谈这种方式进行沟通。

2．何时发送信息（When）

在确定了信息发送方式之后，我们需要选择合适的信息发送时间。人们经常说，在对的时间做对的事。这句话很有学问。考虑清楚后，在合适的时间发送信息，才能使沟通的成功率更高。比如，有一名同学想找班主任请假，这是一件很正常的事，这名同学在班主任正在家休息请假和班主任正在办公室不繁忙的时间请假，哪一个更加合适？相信不用我说你也知道答案。如果你是一名职业人，那么你对时间的把控就更要准确。比如除非紧急重要的事情，在下班的时间尽量不要打扰你的同事、领导或者客户，因为下班的时间是属于他人休息的个人时间，贸然打扰只会引起别人的反感。

【思考与练习】

设想你与他人沟通时，如果没有注重时间的选择（包括时间的长短），会产生哪些不好的后果？

_____

_____

3．确定信息内容（What）

确定信息内容是沟通的重中之重，内容可以说是沟通成败的关键，内容是我们沟通目的的体现。要准备好沟通内容，我们要遵循如下三点原则。

（1）内容尽量简练。把想表达的内容尽量精简，可以让别人很清楚地知道你在说什么。没有意义的内容、跟目的不相关的内容尽量不说，能用三句话结束沟通，尽量不用四句话。

（2）强调重点。把你想要强调的地方凸显出来，配合着精简的内容，是一种效率的体现。

（3）用熟悉的语言。这里熟悉的语言指的是双方都熟悉的语言沟通，这样才能增加沟通的流畅度和成功率。比如大学生跟学校的老教授在沟通中尽量使用常态化的语言，少使用网络语言等。

【思考与练习】

你平时在与家长、老师、同龄人在沟通相同问题时，沟通内容上是不是有所差距？

_____

_____

_____

4．谁接收信息（Who）

我们在发送信息的时候还需要考虑以下几个方面。

（1）谁是你的信息接收对象。

（2）先获得接收者的注意。

（3）接收者的观念。

（4）接收者的需要。

（5）接收者的情绪。

5．在何处发送信息（Where）

发送信息时，还需要考虑在什么样的环境和场合下发送给对方。选择良好的环境和场合，不仅能提升沟通效果，有时还能起到意想的不到作用。

【思考与练习】

你认为在什么场合下发送信息的效果会好一些呢？

场合	效果

现在，场地的选择已经越来越受到人们的重视。在实践中很多管理者已经认识到：环境对沟通效果的影响非常大。但在我们工作中，特别是上下级之间的沟通，通常是在上级主管的办公室中进行，在这样的环境下进行沟通达不到好的效果。

案例：

一家网站公司由于受全球经济危机的影响，公司经营受到严重打击，最后公司决定裁员。第一次裁员通知会议，地点选在公司的会议室，通知全部被裁人员到会议室开会，在会议上宣布被裁员，并且每一个人立即要拿着自己的东西离开办公室，公司所有被裁员工都感到非常沮丧，甚至包括很多留下的人也感到沮丧不已，极大地影响了公司的士气。第二次裁员的时候，公司接受上次的教训，不再把大家叫到会议室里，而是选择了另外一种方式：单独在星巴克咖啡厅约见被裁人员。在这样的环境里说出公司的决策：由于公司的原因致使他暂时失去了这份工作，请他谅解，并给他一个月的时间寻找下一份工作。这次裁员的效果和上一次相比有天壤之别，基本上所有的员工得知这个消息后，都会欣然接受，并且表示，如果公司需要他的时候随时可以通知，他会毫不犹豫地再回到公司。那么，这样一种方式无论是给被裁者还是仍然留在公司的员工，他们得到的不仅仅是裁员这个信息，而是感受到公司对每一位员工的情谊。两次裁员，由于选择了不同环境，所得到的效果截然不同。

【思考与练习】

发送信息时需要注意哪几个问题（见表5.2）？

表5.2　发送信息时应注意的问题

需要注意的问题	要点	具体内容确认
问题1　How? 决定信息发送的方式	电话 面谈 会议 信函 备忘录	
问题2　When? 何时发送信息	时间是否恰当 情绪是否稳定	
问题3　What? 确定信息内容	简洁 强调重点 熟悉的语言	

96

需要注意的问题	要点	具体内容确认
问题 4　Who? 谁接收信息	谁是你的信息接收对象 先获得接收者的注意 接收者的观念 接收者的需要 接收者的情绪	
问题 5　Where? 在何处发送信息	地点是否合适 环境是否不被干扰	

二、沟通的组成要素

有效的沟通是在商业中获得成功的必备条件，要提升沟通能力首先应该了解沟通的构成要素，然后在此基础上精研沟通的技巧，最后还必须在实践中反复练习和运用这些技巧。由理论研究者提出的一个经过实践验证的有效沟通的公式是：沟通=55%外观形象和肢体语言+38% 语气语调+7%语言内容。这个公式揭示了沟通的三个构成要素及各要素在沟通中的重要程度。若要提高沟通能力，应从公式中的三方面入手反复练习沟通的技巧。

1．外观形象和肢体语言（55%）

人的形象和肢体语言非常重要。人们总是凭第一印象来判断一个人。这个第一印象就包含了外观形象和肢体语言，第一印象判断可能并不准确，但很多时候人们确实会凭第一印象对人做出评判。给别人的第一印象主要取决于衣着及面部表情，其次是肢体语言，最后才是性格等其他方面。面部表情主要包括微笑、眼神等，肢体语言也是相当丰富。其实这几方面我们已经在前几章节讲得很具体，这里我们着重强调一下外观形象和肢体语言。

（1）外观形象

① 整洁。出门前检查自己仪表，确保身体洁净，牙一定要刷干净，指甲修剪整齐并保持干净，保持头发干净整洁，尽量化淡妆，清除口气。

② 衣着传递信息。穿着打扮的目的是为了能融入更大范围的人群，让更多的人能接受自己。从一个人的穿着可以判断他的职位、目

的，以及成功的潜能。因此从头到脚的衣着打扮都得留意。不要想着成功后再多花些钱将自己打扮得精神些，而是先将自己打扮得精神抖擞，然后才能获得成功。穿着传统的、经典的服饰在社交场合得体大方并且职业。

③ 过分修饰总比不修饰好。选服饰时，尽量选择能增加自己魅力且合身的服装，切忌穿破损的衣物。

④ 接受自己无法改变的事物。每个人生下来就具有某些无法改变的特征，如肤色、身高、体形、生理缺陷等，如果不能改变某些特征，就应该接受它。

（2）肢体语言

① 与人交谈时正面对着他人。

② 保持良好的站姿。抬头挺胸、站直身体、坐姿端正是思想正派的外在体现。如果靠着一面平直的墙站立时，肩部、臀部、脚后跟都能与墙接触，那就说明拥有良好的站姿。站立时放平肩膀，扬起下巴，收腹抬头。

③ 自信地握手。握手力度要适中。太轻说明缺乏自信，用力过猛则暗示态度傲慢。

2. 语气语调（38%）

柔和的声音表示坦诚友善，人们激动时声音会颤抖，同情时使用低沉的声音，阴阳怪气的语调通常在冷嘲热讽时使用；用鼻音哼声则代表傲慢、冷漠、恼怒、鄙视、缺乏诚意。根据以下几点进行练习，会使语气语调更受人欢迎。

（1）语调低沉明朗。明朗、低沉、愉快的语调最能吸引人。

（2）发音清晰，段落分明。

（3）语速要时快时慢，恰如其分。感性的场面语速可以加快，理性的场面语速相应放慢。

（4）音量大小适中。太大会造成压迫感，使人反感；太小则表示自信不足，说服力不强。

（5）配合愉快的笑声。

（6）措辞高雅，发音正确。

3. 语言内容（7%）

（1）谈论关于对方的话题。每个人最喜欢的话题是他自己。和别人谈关于他们自己的事情时，一般会获得他们的尊重和喜欢。当开始将注意力从自己身上转移到别人身上时，就会很善于与人相处。在谈话中要越来越少地使用"我、我的"这些字眼，而要越来越多地使用"你，你的"这些字眼。话题可以是别人的家庭、职业、休闲、金钱等。

（2）赞同人们。人们喜欢赞同自己而不是反对自己的人。任何人都可能提出自己的观点，并引起别人的反对，只有聪明人才会赞同别人，即使觉得对方有错。只有学会找到与他人的共同点，才能创造和谐的氛围。

（3）聆听人们。人们被聆听的需要远远大于聆听别人的需要。一个好的聆听者在任何时候都比一个好的谈话者更受人欢迎。如果真心关心别人，聆听不是难事。聆听的关键是关心，大多数人际关系技巧就是关心和礼貌的实际运作。

（4）赞扬人们。真诚的赞美是使人内心保持坚强的燃料，它使人快乐。每一次称赞别人，会使赞美者自己同时得到快乐和满足。快乐的人比较容易相处，通常也比不快乐的人有更高的生产力。赞美时要注意：一定是真实的、具体的，要称赞事实而不是人。

（5）感激人们。如果真诚地感谢他人，并让人们知道感谢他们，他们下一次就会以加倍的努力来回应的，因此要学会说谢谢。

① 当说谢谢的时候，要诚心诚意。

② 大声说，不要吞吞吐吐或降低声音。

③ 说谢谢时注视对方的眼睛。

④ 寻找感谢人们的机会，寻找机会感谢别人做的但其他人很少称赞的细微事情。

第二节　案例教学——差别沟通

1. 平级沟通

小贾是公司数据研发部的一名员工，为人比较随和，不喜争执，和同事的关系处得都比较好。但是，前一段时间，不知道为什么，同一部门的小李老是处处和他过不去，有时候还故意在别人面前指桑骂槐，对跟他合作的工作任务也都有意让小贾做得多，甚至还抢了小贾的好几个项目成果。

起初，小贾觉得都是同事，没什么大不了的，忍一忍就算了。但是，看到小李如此嚣张，小贾一赌气，就告到了经理那儿。经理把小李批评了一通，从此，小贾和小李成了绝对的冤家。

案例点评：

小贾所遇到的事情是工作中常常出现的一种现象。在一段时间里，同事小李对他的态度大有改变，小贾对此应有所警觉，应该留心是不是哪里出了问题。但是，小贾只是一味的忍让。忍让不是一个好办法，更重要的应该是多沟通。小贾应该考虑是不是小李有了什么想法，有了一些误会，才让他对自己的态度变得这么恶劣，他应该主动及时和小李进行一次真诚的沟通，比如问问小李是不是自己什么地方做得不对，让他难堪了之类的。任何一个人都不喜欢与人结怨，他们之间的误会和矛盾在比较早的时候就可以通过及时沟通而消除。但是结果是，到了小贾忍不下去的时候，他选择了告状。其实，找主管来说明一些事情，不能说方法不对，关键是怎么处理。但是，在这里，小贾、部门主管、小李三人犯了一个共同的错误，那就是没有坚持"对事不对人"，主管做事也过于草率，没有起到应有的调节作用，他的一番批评反而加剧了二人之间的矛盾。正确处理这件事的做法是，把双方产生误会、矛盾的疙瘩解开，加强员工的沟通。这样处理的结果肯定会好得多。

我们每一个人都应该学会主动地沟通，真诚地沟通，有策略地沟通，如此一来就可以化解很多工作与生活中完全可以避免产生的误会和矛盾。

2. 差异化沟通

前些日子出差，客户的公司门口有一家宠物店，小王看到宠物店中有一条小狗，经过一番讨价还价，把小狗买了下来带回家去。晚上给二姐打电话，告诉她我买了一条博美，她非常高兴，马上询问狗是什么颜色，多大了，可爱吗？晚上，大姐打电话来询问我最近的情况，小狗在我接电话的时候叫起来，大姐在电话里一听到有狗在叫，就问是否很脏，咬人吗？有没有打预防针……

同样是对一条狗的理解，然而不同人的反映差别很大。二姐从小就喜欢狗，所以一听到狗，在她的脑海中肯定会描绘出一条可爱的小狗的影像。而大姐的反应却是关心狗是否会给我带来什么麻烦，在脑海中也会浮现出一副"肮脏凶恶的狗"的影像。

案例点评：

看来，同样的一件事物，不同的人对它的概念与理解的区别是非常大的。在我们日常的谈话与沟通当中也是类似的。

当你说出一句话来，你自己认为可能已经表达清楚了你的意思，但是不同的听众会有不同的反映，对其的理解可能是千差万别的，甚至可以理解为相反的意思。这将大大影响我们沟通的效率与效果。

同样的事物，不同的人就有不同的理解。在我们进行沟通的时候，需要细心地去体会对方的感受，做到真正用"心"去沟通。

3．管理沟通

李磊刚刚从名校管理学硕士毕业，出任某大型企业的制造部门经理。李磊一上任，就对制造部门进改造。李磊发现生产现场的数据很难及时反馈上来，于是决定从生产报表上开始改造。借鉴跨国公司的生产报表，李磊设计了一份非常完美的生产报表，从报表中可以看出生产中的任何一个细节。

每天早上，所有的生产数据都会及时地放在李磊的桌子上，李磊很高兴，认为他拿到了生产的第一手数据。没过几天，出现了一次大的品质事故，但报表上根本没有反映出来，李磊这才知道，报表的数据都是随意填写上去的。为了这件事情，李磊多次开会强调，认真填写报表的重要性，但每次开会后，在开始几天可以起到一定的效果。但过不了几天又返回了原来的状态。李磊怎么也想不通。

案例点评：

李磊的苦恼是很多企业中经理人一个普遍的烦恼。现场的操作工人，很难理解李磊的目的，因为数据分析距离他们太遥远了。大多数工人只知道好好干活，拿工资养家糊口。不同的人，他们所站的高度不一样，单纯的强调、开会，效果是不明显的。站在工人的角度去理解，虽然李磊不断强调认真填写生产报表，有利于改善生产，但这距离他们比较远，而且大多数工人认为这和他们没有多少关系。后来，李磊将生产报表与业绩奖金挂钩，并要求干部经常检查，工人们才开始认真填写报表。

在沟通中，不要简单地认为所有人都和自己的认识、看法、高度是一致的。对待不同的人，要采取不同的模式，要用听得懂的"语言"与

4．跨部门沟通

　　研发部梁经理才进公司不到一年，工作表现颇受主管赞赏，不管是专业能力，还是管理绩效，都获得大家肯定。在他的缜密规划之下，数据研发部一些延宕已久的项目，都在积极推行当中。部门主管李副总发现，梁经理到数据研发部以来，几乎每天加班。他经常第二天来看到梁经理电子邮件的发送时间是前一天晚上 10 点多，接着甚至又看到当天早上 7 点多发送的另一封邮件。这个部门下班时总是梁经理最晚离开，上班时第一个到。但是，即使在工作量吃紧的时候，其他同事似乎都准时走，很少跟着梁经理留下来。平常也难得见到梁经理和他的部属或是同级主管进行沟通。李副总对梁经理怎么和其他同事、部属沟通工作觉得好奇，开始观察他的沟通方式。原来，梁经理以电子邮件交代部属工作。他的属下除非必要，也都以电子邮件回复工作进度及提出的问题，很少找他当面报告或讨论。对其他同事也是如此，电子邮件似乎被梁经理当作和同事们合作的最佳沟通工具。但是，最近大家似乎开始对梁经理这样的沟通方式反应不佳。李副总发觉，梁经理的部属对部门逐渐没有向心力，除了不配合加班，还只执行交办的工作，不太主动提出企划或问题。而其他主管，也不会像梁经理刚到研发部时，主动到他房间聊聊，大家见了面，只是客气地点个头。开会时的讨论，也都是公事公办的味道居多。李副总趁碰到另一处陈经理时，以闲聊的方式得知梁经理的工作相当认真，可能对工作以外的事就没有多花心思。李副总也就没再多问。这天，李副总刚好经过梁经理房间门口，听到他打电话，讨论内容似乎和陈经理业务范围有关。他到陈经理那里，刚好陈经理也在打电话。李副总听谈话内容，确定是陈、梁两位经理在谈话。之后，他找了陈经理，问他怎么一回事。明明两个主管的办公房间就在隔邻，为什么不直接走过去说说就好了，竟然是用电话谈。陈经理笑答，这个电话是梁经理打来的，梁经理似乎比较希望用电话讨论工作，而不是当面沟通。陈经理曾试着在梁经理房间谈，而不是电话沟通。梁经理不是用最短的时间结束谈话，就是眼睛还一直盯着计算机屏幕，让他不得不赶紧离开。陈经理说，几次以后，他也宁愿用电话的方式沟通，免得让别人觉得自己过于热情。了解这些情形后，李副总找了梁经理聊聊，梁经理觉得，效率应该是最需要追求的目标，所以他希望用最节省时间的方式，达到工作要求。李副总以过来人的经验告诉梁经理，工作效率很重要，但良好的沟通绝对会让工作进行顺畅许多。

案例点评：

很多管理者都忽视了沟通的重要性，而是一味地强调工作效率。实际上，面对面沟通所花的些许时间成本，绝对能大大增进沟通效果。

沟通看似小事情，实则意义重大！沟通顺畅，工作效率自然就会提高；忽视沟通，工作效率势必下降。

5．上下级沟通

财务部陈经理每月总会按照惯例请手下员工吃一顿。一天，他准备去休息室叫员工小马，通知其他人晚上吃饭。快到休息室时，陈经理听到休息室里有人在交谈，他从门缝看过去，原来是小马和销售部员工小李在里面。小李对小马说："你们陈经理对你们很关心，我见他经常请你们吃饭。""得了吧。"小马不屑地说，"他就这么点本事笼络人心，遇到我们真正需要他关心、帮助的事情，他没一件办成的。你拿上次公司办培训班的事来说，谁都知道如果能上这个培训班，工作能力会得到很大提高，升职机会也大大增加。我们部几个人都很想去，但陈经理却一点都没察觉到，也没积极为我们争取，结果让别的部门抢了先。我真的怀疑他有没有真正关心过我们。""别不高兴。"小李说，"走，吃饭去。"陈经理只好满腹委屈地躲进自己办公室。

案例点评：

管理者与员工沟通时，要找到员工真正的需求。一个销售员要设身处地为顾客着想，才能够得到客户的信任，才能说服客户，完成交易。管理者想要更好地沟通，劝说下属，也是同样的道理。劝说下属时要多站在对方的角度考虑问题，谈论对方所需要的，抓住对方关注的重点，这样才容易沟通。考虑下属的角度，让下属考虑上级的角度，换位思考更容易沟通。

【思考与练习】

案例中上司和下属的错误主要有哪些？

上司和下属接下来可以怎么做？

_____

_____

_____

第三节　学会聆听

从上一节的案例，我们不难发现，沟通不畅会带给我们很多困扰。如何保证信息的顺畅传递呢？首先就是学会聆听。聆听有时候比表达更为重要。聆听往往是沟通的开始，聆听是打开心门的开始，尽可能地让对方倾诉。聆听可以听出对方的弦外之意、话外之音，聆听可以深层次地了解对方的真实意图。最重要的是，认真地听对方的表达，传递的是你懂他的态度。在这个世界上，还有什么比你懂他更珍贵的呢？

一、课程导入

1．热身活动：你说我听

游戏规则：

（1）全班同学按顺序数数（1～100），开始数字由老师随机确定。

（2）轮到自己时，坐着说出数字。如果轮到7或含7的数字，以及7的倍数，则该同学起身拍手，不能出声音。

（3）凡出错者，双手抱头趴在桌子上，直到游戏结束。

（4）老师做总指挥官，采用横竖排随机抽取的方式，可任意改变报数的方向（前后左右）。

思考：怎么才能把这个游戏做好，有什么秘诀？（集中注意力，认真听，迅速思考并做出反应……）

游戏中如此，生活也是这样。在我们的人际交往中首先也要认真听别人说，这样才能使我们成为一个受欢迎的人。这节课我们一起来——学会聆听。

2．情景表演

（1）小明一副愁眉苦脸的神情，沮丧地走着。这时候他碰到了正在看书的小雪。小明上前去，诉苦求助："我最近好烦恼，我的高数考试又不及格了，被老师训了一顿，还被老爸骂了一顿。而且……"小雪一副不耐烦的神情："别烦我，没有看到我在忙着吗？别打搅我了。走开走开！"

（2）小明更加烦恼，于是想到校园里散散心。碰到小刚，上前诉苦求助："我最近好烦恼，我的高数考试又不及格了，还老师训了一顿，还被老爸骂了一顿，而且……"小刚一边打着哈欠，一边东张西望，一副毫不感兴趣的样子。

（3）小明更加烦恼痛苦，这时候他又碰到了小杰。小明上前去，诉苦求助："我最近很烦恼，我的……"小杰一听，急忙插嘴："怎么拉？你烦恼什么？"小明说："我的高数……"小杰又插嘴说："高数作业又没有交了吗？不会做吗？是你没有听课吧？"小明解释道："不是，是我的……"小杰继续插嘴自说自话："是不是考试偷看作弊被老师抓到了，还是你老爸又不给你生活费了？……"小明看着小杰一股脑地说了一大串话，自己就是插不上嘴，更加苦恼了，唉声叹气地走了。

思考：假如你是小明，在找到以上三位同学诉苦后有什么样的感受？为什么？生活中你有没有遇到过类似的情形？你在倾诉的时候希望对方怎么做？

_____

_____

_____

在刚才提问的过程中，我有没有认真倾听，表现在哪些方面？学生答（用眼睛看着对方、点头、微笑……）。

那么在人际交往中想要成为一个合格的倾听者，需要怎么做？（头脑风暴）

_____

_____

二、聆听四步骤

请做一个练习，测试一下你的非语言交际能力如何。按照表 5.3 的标准，给每个句子打分：1. 从不；2. 有时；3. 通常是这样；4. 总是这样。

表5.3　非语言交际能力测试

问题	得分
◇　我在听人讲话时保持不动，不摇晃身体，不摆动自己的脚，或者表现出不安定	
◇　我直视讲话者，对目光交流感到舒服	
◇　我关心的是讲话者说什么，而不是担心我如何看或者自己的感受如何	
◇　欣赏时我很容易笑和显示出活泼的面部表情	
◇　当我聆听时，我能完全控制自己的身体	
◇　我以点头来鼓励讲话者，或以一种支持、友好的方式来听他讲话	
总分	

（1）如果你的得分大于15，则你的非语言交际能力非常好；

（2）如果你的得分在 10～13，说明你的非语言交际能力处于中间范围，应该改进；

（3）如果你的得分低于10，那么请学习聆听技巧。

1．聆听的原则

（1）适应讲话者的风格。

（2）眼耳并用。

（3）首先寻求理解他人，然后再被他人理解。

（4）鼓励他人表达自己。

（5）聆听全部信息。

（6）表现出有兴趣聆听。

2．有效聆听的四步骤

（1）准备聆听

首先，就是你给讲话者一个信号，说我做好准备了，给讲话者以充分的注意。其次，准备聆听与你不同的意见，从对方的角度想问题。

（2）发出准备聆听的信息

通常在聆听之前会和讲话者有一个眼神上的交流，显示你给予发出信息者的充分注意，这就告诉对方：我准备好了，你可以说了。要经常用眼神交流，不要东张西望，应该看着对方。

（3）采取积极的行动

积极的行为包括我们刚才说的频繁的点头，鼓励对方去说。那么，在听的过程中，也可以身体略微地前倾而不是后仰，这样是一种积极的姿态。这种积极的姿态表示：你愿意去听，努力在听。同时，对方也会有更多的信息发送给你。

（4）理解对方全部的信息

聆听的目的是为了理解对方传递的全部信息。如果在沟通的过程中你没有听清楚或没有理解时，那么应该及时告诉对方，请对方重复或者是解释。这一点是我们在沟通过程中常犯的错误。所以在沟通时，如果发生这样的情况要及时通知对方。

当你没有听清或者没有听懂的时候，要像很多专业的沟通者那样，在说话之前都会说：在我讲的过程中，诸位如果有不明白的地方可以随时举手提问。这证明他懂得在沟通的过程中，要说、要听、要问。而不是说，大家要安静，一定要安静，听我说，你们不要提问。那样就不是一个良好的沟通。沟通的过程是一个双向的循环：发送、聆听、反馈。

【思考与练习】

请对照表 5.4，反思自己在聆听中是否遵循了聆听的步骤，查看沟通失败的原因是否因为没有掌握聆听技巧。

表 5.4 聆听技巧的四步骤

具体步骤	检查要点	改进
步骤 1 准备聆听	① 给发出信息者以充分的注意； ② 开放式态度； ③ 先不要下定论； ④ 准备聆听与你不同的意见； ⑤ 从对方的角度着想	
步骤 2 发出准备聆听的信息	① 显示你给予发出信息者的充分注意（如延缓接听电话）； ② 若不想现在谈，提议其他时间； ③ 不要东张西望，注视着对方的眼睛	
步骤 3 在沟通过程中采取积极的行动	① 尝试了解真正的含义； ② 有目的地聆听； ③ 集中精神； ④ 继续敞开思想； ⑤ 不断反馈信息的内容	
步骤 4 理解对方全部的信息通知对方如果你——	① 没有听清楚； ② 没有理解； ③ 想得到更多的信息； ④ 想澄清； ⑤ 想要对方重复或者改述； ⑥ 已经理解	

3．聆听的五个层次

在沟通聆听的过程中，因为我们每个人的聆听技巧不一样，所以看似普通的聆听却又分为五种不同层次的聆听效果。

（1）听而不闻

所谓听而不闻，简而言之，就是不做任何努力地听。我们不妨回忆一下，在平时工作中，什么时候会发生听而不闻？如何处理听而不闻？听而不闻的表现是不做任何努力，你可以从他的肢体语言看出，他的眼神没有和你交流，他可能会左顾右盼，他的身体也可能会倒向一边。听而不闻，意味着不可能有一个好的结果，当然更不可能达成一致。

（2）假装聆听

假装聆听就是做出聆听的样子让对方看到，当然假装聆听也没有用心在听。在工作中常有假装聆听现象的发生。例如，在和老师的沟通过程中，学生惧怕老师的权威，所以做出聆听的样子，实际上没有在听。假装聆听的人会努力做出聆听的样子，他的身体大幅度的前倾，甚至用手托着下巴，实际上并没有听。

（3）选择性的聆听

选择性的聆听，就是只听一部分内容，倾向于聆听所期望或想听到的内容，这也不是一个好的聆听。

（4）专注的聆听

专注的聆听就是认真地听讲话的内容，同时与自己的亲身经历做比较。

（5）建立同理心的聆听

不仅是听，而且努力在理解讲话者所说的内容，所以用心和脑，站在对方的利益上去听，去理解他，这才是真正的、设身处地的聆听。设身处地的聆听是为了理解对方，多从对方的角度着想：他为什么要这么说？他这么说是为了表达什么样的信息、思想和情感？如果你的上级和你说话的过程中，他的身体却向后仰，那就证明他没有认真地与你沟通，不愿意与你沟通，所以要设身处地的聆听。当对方和你沟通的过程中，频繁地看表也说明他现在想赶快结束这次沟通，你必须去理解对方：是否对方有急事？可以约好时间下次再谈，对方会非常感激你的通情达理，这样做将为你们的合作建立基础。

4．聆听的技巧

沟通是双向的。我们并不是单纯地向别人灌输自己的思想，我们还应该学会积极的倾听。聆听的能力是一种艺术，也是一种技巧，聆听需要专注，每个人都可以透过耐心和练习来发展这项能力。

（1）要表示出诚意

聆听别人谈话需要消耗时间和精力。如果你真有事情不能聆听，那么直接提出来（当然是很客气的），这比你勉强去听或装着去听给人的感觉要好得多。听就要真心真意地听，对我们自己和对他人都是很有好处的。安排好自己的时间去听他人谈话是一件很有益的事情。

（2）要有耐心

这体现在两个方面：一是别人的谈话在通常情况下都是与心情有关的事情，因而一般可能会比较零散或混乱，观点不是那么突出或逻辑性不太强，要鼓励对方把话说完，自然就能听懂全部的意思了。否则，容易自以为是地去理解，这样会产生更加不好的效果。二是别人对事物的观点和看法有可能是你无法接受的，可能会伤及你的某些感情，你可以不同意，但应试着去理解别人的心情和情绪。一定要耐心把话听完，才能达到聆听的目的。

（3）要避免不良习惯

开小差、随意打断别人的谈话，或借机把谈话主题引到自己的事情上，一心二用，任意地加入自己的观点做出评论和表态等，都是很不尊重对方的表现，比不听别人谈话产生的效果更加恶劣，一定要避免。

（4）适时进行鼓励和表示理解

谈话者往往都希望自己的经历受到理解和支持，因此在谈话中加入一些简短的语言，如"对的""是这样""你说得对"等或点头微笑表示理解，都能鼓励谈话者继续说下去，并引起共鸣。当然，仍然要以安全聆听为主，要面向说话者，用眼睛与谈话人的眼睛作沟通，或者用手势来理解谈话者的身体辅助语言。

（5）适时作出反馈

一个阶段后准确的反馈会激励谈话人继续进行，对他有极大的鼓舞作用。包括希望其重复刚才的意见（因为没有听懂或重点表达的内容），如"你刚才的意思或理解是……"等。但不准确的反馈则不利于谈话，因此要把握好度。

第四节　学会提问

在沟通过程中进行提问，需要掌握提问的方式和方法。

一、掌握两种提问方式

通常情况下，提问的方式可以分为封闭式提问和开放式提问两类。

1．封闭式提问

对于这一提问方式，只需要做出是非判断。采用这种提问方式的主要目的，是对信息进行确认。这种提问方式可以和聆听结合使用，在聆听的过程中适时进行提问，比如"是这样吗？""您说的意思是……吗？"，以示你正在认真聆听，并适时给予反馈，你的倾诉对象会更愿意敞开心扉。

2．开放式提问

对于这一提问方式，需要进行阐述和解释。采用这种提问方式的主要目的是搜集信息。比如，在上一节内容中提到的烦恼的小明这一案例，你作为一个安静的聆听者听了小明的倾诉后，还希望给小明一些引导和帮助，就可以用到这样的方式。

【思考与练习】

烦恼的小明找你倾诉之后，你打算通过怎样的提问来帮助他？

_____

_____

_____

你认为开放式问题与封闭式问题的区别是：

_____

_____

_____

开放式的问题，可以帮助我们收集更多的信息。在我们工作中，有些人习惯用一些开放式的问题与人交流，而有些人却习惯于用封闭式的问题。我们只有了解了它们的特点，才能够更加准确地运用。

【案例】

你向航空公司订一张去上海的机票。

1. 开放式

"我想问一下，去上海都有哪些航班，各航班的时间为几点？"服务人员就会告诉你非常多的信息。

2. 封闭式

"有 4 点去上海的航班吗"？回答可能是没有，你又问："有 5 点的吗"？回答很有可能还是没有，"6 点的呢"？也没有，你会问："那到底有几点的呢？"服务人员会告诉你："有 4 点 10 分、4 点 40 分、5 点 15 分、5 点 45 分的航班。"

所以，我们注意在沟通的过程中，充分理解两种不同问题的特点，正确提问利于提高沟通的效率。

二、两种提问类型的优劣比较与提问技巧

1. 开放式提问和封闭式提问的优劣比较（见表 5.5）

（1）封闭式提问的优点和劣势

优点：封闭式提问可以节约时间，容易控制谈话的气氛。

劣势：封闭式的提问不利于收集信息。简单地说封闭性的问题只是确认信息，确认是不是、认可不认可、同意不同意，不足之处就是收集信息不全面。还有一个不好的地方就是用封闭式问题提问的时候，对方会感到有一些紧张。

（2）开放式提问的优点和劣势

优点：收集信息全面，得到更多的反馈信息，谈话的气氛轻松，有助于帮助分析对方是否真正理解你的意思。

劣势：浪费时间，谈话内容容易跑偏，就像在沟通的过程中，我们问了很多开放式的问题，结果谈到后来，无形中的话题就跑偏了，离开了最初我们的谈话目标。一定要注意，收集信息要用开放式的提问，但是要确认某一个特定的信息是否适合用开放式问题。

表 5.5　封闭式与开放式提问的优势与风险

	优势	风险
封闭式	① 节省时间 ② 控制谈话内容	① 收集信息不全 ② 谈话气氛紧张
开放式	① 收集信息全面 ② 谈话氛围愉快	① 浪费时间 ② 谈话不容易控制

2．提问技巧

在沟通中，通常是一开始沟通时，我们就希望营造一种轻松的氛围，所以在开始谈话的时候问一个开放式的问题；当发现话题跑偏的时可问一个封闭式的问题；当发现对方比较紧张时，可问开放式的问题，使气氛轻松一些。

在我们与他人沟通的过程中，经常会听到一个非常简单的口头禅"为什么？"。当别人问我们"为什么"的时候，我们会有什么感受？或认为自己没有传达有效的、正确的信息；或没有传达清楚自己的意思；或感觉自己和对方的交往沟通可能有一定的偏差；或沟通好像没有成功等，所以对方才会问"为什么"。实际上他需要的就是让你再详细地介绍一下刚才说的内容。

3．几个不利于收集信息的问题

（1）少说"为什么"。在沟通过程中，我们一定要注意，尽可能少说"为什么"，用其他的话来代替。比如：你能不能再说得详细一些？你能不能再解释得清楚一些？这样给对方的感觉就会好一些。实际上在提问的过程中，开放式和封闭式的问题都会用到，但要注意，我们尽量要避免问过多的"为什么"。

（2）少问带有引导性的问题。难道你不认为这样是不对的吗？这样的问题不利于收集信息，会给对方不好的印象。

（3）多重问题。就是一口气问了对方很多问题，使对方不知道如何下手。这种问题也不利于收集信息。

【本章小结】

本章通过理论和案例相结合的方式，再加上反复的练习，能使学生初步掌握沟通的技巧和组成要素，了解如何有效聆听及有效提问。通过本章的学习，我们可以灵活运用所学的技巧进行更加有效的沟通。但是，使用技巧的前提是真诚、用心，对方只有在感受到你在真心关注他，他才会对你敞开心扉。

步入大学，我们需要独自处理人际沟通等相关问题，带着这些方法和技巧，在实践中慢慢感受。相信你定能轻松建立良好的人际关系。

你可以在下面写下自己的学习和训练体会，帮助自己进一步提高。

【思考与练习】

1. 分组进行，每组六人；自行设计模拟大数据相关的工作场景和素材，分别演绎有效沟通和不良沟通的案例。

2. 每组安排观察员，案例演示结束后以小组为单位提交心得报告。

第六章　认知团队，备战未来

本章重点

∨　认知团队
∨　团队四要素
∨　如何快速融入团队

本章难点

∨　融入团队
∨　树立团队意识
∨　提升团队氛围的方法

　　说到团队，大家都不陌生，不管是初出茅庐的大学生，还是久经沙场的职业人，每个人关于团队，说起来理论可能一套又一套。团队理证发展那么久，得到那么多人认可，大家都感觉团队存在意义非凡。团队不仅没有被新鲜事物或者管理方式所淘汰，反而越发地让我们相信，团队建设是企业基础建设的重要一环，团队管理是未来管理的取向。许多企业的领导者都在大声疾呼：我们越来越迫切需要更多、更有效的团队来提高我们的士气。所以作为一个准职业人，我们更应该从大学时代就开始了解团队，这样在未来踏入职场时才能快速地融入团队，创造价值。

　　本章内容阐述了团队的概念及团队构成的要素，并讲述了初步进入团队应该注意的方面，通过这些解决大学生怎样融入团队的疑惑，学习完这些知识后，我们将明白如何成为团队中合格的一员。

第一节 何为团队

本节主要讲述团队的概念及团队与群体的区别，在明白这些含义之后，进一步探讨团队对组织和个人的影响，讲述我们学习本章节内容的目的。

一、团队的概念

很多人都说一个伟大的团队远远胜于英雄个人的作用，这也得到了企业的检验与认可。可以说在目前的社会背景下，一个企业要想取得长足的发展，赢得好的业绩，建设优秀团队，具有极其重要的意义。

目前，人们对团队有多种不同的定义，但如果我们去分析团队，很容易就会联想到另一个词语——团体，厘清团队与团体这两者的差异便会对团队有清晰的认知。

团队与团体不同，不是所有的团体都是团队，它们之间的基本差异在于团队成员对其是否完成团队共同目标一起承担成败责任。所以团体可能只是一个群体，并不一定具备解决问题的战斗能力。团队是指由员工和管理层组成的一个共同体，该共同体合理利用每一个成员的知识和技能协同工作，解决问题，达到共同的目标。一个组织良好的团队应包含所有的团队角色，并能够有效地行动，但不应规模太大以致团队角色重复或产生角色竞争、运转不良的现象。

一个企业的核心竞争力有五大特征：偷不去、买不来、拆不开、带不走和流不掉。优秀的团队，才是企业真正的核心竞争力。唯有无数的个人精神，凝聚成一种团队精神，企业才能兴旺发达，基业长青。有团队精神的组织一定能够产生整体大于部分之和的协作效应。同时，一个优秀的团队，也能够创造一种机制和组织氛围，使团队成员最大限度地发挥自己的潜力，产生以一当十的力量。比尔·盖茨曾说："经营公司就是经营团队。我什么都可以不要，除了我的团队。"世界钢铁大王卡内基说："把我的厂房、机器、资金全部拿走，只要留下我的人，4 年以后我又是一个钢铁大王。"

二、团队对组织及个人的益处

团队已经如此普及，渗透到各个优秀企业、各个部门，甚至政府部门都将领导团队作为不可忽略的环节进行建设，那团队究竟能给组织和个人带来什么影响？

团队对组织所带来的积极影响如下：

（1）提升组织的运行效率（改进程序和方法）；

（2）增强组织的民主气氛，促进员工参与决策的过程，使决策更科学、更准确；

（3）团队成员互补的技能和经验可以应对多方面的挑战；

（4）在多变的环境中，团队比传统的组织更灵活、反应更迅速。

英国一家医院，面临着运营成本的压力，虽然销售额很高，但一直以来觉得利润很难提高。尽管院领导在部门经理会议中反复强调降低成本，但结果不太理想。于是这家医院张榜公布，贴出信息来，希望组建一个员工自愿加入的、降低成本的团队。最终他们从不同的部门中找到了 13 个人，由这 13 人组成了一个成本控制小组。这些人把所有造成成本居高不下的原因全部列出来，找到其中 8 个最重要的要素。

围绕这 8 个要素他们制订了一系列的行动方案，经院领导同意后开展工作，结果在一年的时间当中取得了非常不错的绩效，带来了 120 万英镑的成本降低。医院把其中的 60%用于奖励这个团队。这是一支真正能够给企业的成本运作带来很好效益的团队。

团队对个人会产生哪些影响？

团队对个人的影响体现为：团队的社会助长作用。有团队的其他成员在场，个体的工作动机会被激发得更强，效率比单独工作的时候可能更高。

——有人说，跟别人一起工作消除了单调的情节，提高了工作的热情；

——也有人说，有别人在场，谁也不想落后，得暗中使劲；

——还有人说，有别人在场，无论如何面子上得过得去。

团队对个人的益处如下：

（1）工作压力变小；

（2）责任共同承担；

（3）团队成员的自我价值感增强；

（4）回报和赏识共享；

（5）团队成员能够相互影响；

（6）所有成员都体验到成就感。

第二节　如何融入团队

在项目中，往往会出现新成员加入团队或者组建新的团队，那么如何快速融入团队就成了一个重要的问题。要探究快速有效融入团队的方法，我们从团队的要素入手，寻求出解决的办法。本节主要分析团队建设中的多种要素，结合案例探讨出团队建设管理中适用的多种法则，来帮助我们解决类似的问题。

一、团队的要素

分析目前社会上的各种企业案例，我们不难得出，要成为团队必须要有以下几个条件：

（1）具有共同的愿望与目标；

（2）和谐、相互依赖的互补团队关系；

（3）具有共同的行为规范与工作方法；

（4）具备核心领导力。

同样的旅行团，干练的导游可以建立成为团队，无能的导游可能导致大家愤愤不平。例如，到某个景点，有些人想多照像，多看看；有些人觉得无聊，想快点走，这是愿望与目标不同。上车时间已到，某些人还姗姗来迟，引起其他人不满，导游不及时处理，便会破坏和谐的关系。至于上车以后的位置安排，没有合理的轮换，以致有些人老是坐较差的位置，到最后，干脆谁先上车，便占好位置，以前坐这个位置的个人又抱怨，这是他的位置，这是因为缺乏共同的规范与方法导致的矛盾现象。团队建设的功夫不仅用于正式的工作场所，日常生活中，如果能善用这项功夫，也能解决问题与纷争，促进合作与关系。

建设团队，必须先掌握团队的要素。团队的要素基本上有四个：目标、关系、规范和领导力。团队的领导者要运用领导力去促使目标趋于一致，建立和谐关系，建立与巩固规范的作用，让一群人从一片散沙，逐渐形成具有战斗力的团队。

心理学家马斯洛说：杰出团队的显著特征，便是具有共同的愿景与目标。因此建立团队的首要要素，便是建立团队共同的愿景与目标，但是由于人的需求、动机、价值观等不同，因此要让目标趋于一致，也是极为困难的，但是俗话说"人同此心，心同此理"，只要能具有同理心，加上熟练的技巧，建立共同的目标还是不难的。

在关系方面，存在着正式关系与非正式关系。例如，经理与部属，这是正式关系；他们两人是同乡，这是非正式关系。团队关系的挑战，需要领导者创造环境与机会，协调、沟通、安抚、调整、启发、教育，让团队成员从生疏到熟悉，从防卫到开放，从不稳定到稳定，甚至从排斥到接纳、从怀疑到信任，关系越稳定，组织内耗就越小，团队效能就越大。另外，团队和谐依赖的互补关系是一种为达到既定目标所显现出来的资源共享、技术技能补充和协同合作的精神，它可以调动团队成员的所有资源与才智，并且会自动地驱除所有不和谐、不公正的现象。同时对表现突出者及时予以奖励，从而使团队产生一股强大而持久的力量。"没有完美的个人，只有完美的团队。"这句话从一定层面上反映了团队的优势。

至于团队规范方面，中国有句古话"无规矩无以成方圆"，军队需要严明的纪律，方有战斗力；社会需要合理的道德行为规范，才能正常运转。组织中缺乏规范更会引起各种不同的问题，报销缺乏制度，休假没有清晰的规定，奖惩没有标准，不仅会造成困扰、混乱，也会引起猜测、不信任。苏联教育家马卡连柯认为："纪律能够创造群众的美。"制度同样能够创造团队的美。当然写下制度规矩很容易，如何执行到位则很困难。所以领导者必须有能力建立合理、有利于组织的制度规范，并且促使团队成员认同制度规范，遵从制度规范。

将以上三种要素有效地运用，并根据具体情况，决定何时、何地、针对何人提出何种对策的能力，便是第四要素——领导力。所以领导能力可以说是在动态情况下，运用各种方式，以促使团队目标趋于一致，建立良好团队关系，以及树立规范的能力。使用的技巧有沟通、协调、任务分配、目标设定、激励、教导、评价、适当批评、建议、授权、奖惩等。这样才能率领团队成员达成共同的目标。了解团队建设的四要素以后，我们要探讨在实际的工作环境中，如何有效地建立团队？

案例分析："西游记"团队成员角色分析。

《西游记》中的师徒四人组织成一个团队，而现代管理中的团队概念认为团队就是由 4 个人或 4～25 人构成，看来我们的祖先已经认识到这一点，只是没有进行总结。那我们来分析一下他们的组织架构：首先肯定他们是一个成功的团队！

先分析唐僧，他是这个团队的最高领导，是决策层，在企业里面就像是总经理等高层的管理人员，运用自己的强硬管理方式和制度（紧箍咒）来管理团队，并且通过"软权力"和"硬权力"的结合来调动整个团队。从根本上讲，几个徒弟很服从他，佩服他的学识（软权力），因为唐僧是当时名噪一时的佛学家，而且是个翻译，按现在衡量高层管理人员的标准，他是同声传译员而且是个工商管理硕士，德高望重，绝对是个优秀的管理者，他领导团队去西天取经，并获得成功。

孙悟空应该是这个团队中的职业经理人，具体一点就是部门经理，他本领高强，到哪里都能混口饭吃，而且此人社会关系和社会资源极其丰富，性格就是有点"猴急"，从个人素质上来说是非常优秀的，通常总经理（唐僧）布置的任务都能高效率地完成，而且处处留下美名，颇有跨国公司职业经理人的风范。当然他是完美的化身，但是我想所有的主管、经理应该向他看齐，因为他是优秀的。

猪八戒比较懒惰，但是作为组织中的一员，他本人还是有很多优点，而且许多方面还在团队中起了不小的作用，比如调节矛盾，运用公共关系的方法来协调众人之间的关系，这都是他对组织的贡献。他本人幽默、可爱，充当着组织润滑剂的角色，所以在组织中功不可没，没有八戒的团队是残缺的，而且也是不完美的。组织中的侧重沟通、协调关系的角色都类似于他，是极其重要的。用一句话来概括：八戒是公司中跨部门沟通的典范！

沙僧自不必说，他朴实无华，工作踏实，从企业的角度讲，他是"广大劳动者"，兢兢业业，是劳动的模范，他虽然没有职业经理人的风光与协调关系者的公关本领，但是他所做的工作却是最基础的，我个人认为，每一个人都应该学习他，主动挑起自己的责任，努力工作，为团队和组织做出自己的工作。

在认同他们优秀的同时，我们还是要认识到他们的缺点，比如唐僧本人性格优柔寡断，不明是非等；悟空个人英雄主义严重，无视组织的纪律和制度；八戒的缺点好吃懒做，好色成性，耽误正事；沙僧本人的缺点是缺乏主见，工作欠灵活性等。这些都是我们应该注意的，熟悉自己的缺点我们才能将工作做好。

这个团队最大的好处就是互补性。领导有权威、有目标，但能力差点；员工有能力，但是自我约束力差，目标不够明确，有时还会开小差。但是总的来看，这个团队是个非常成功的团队，虽然历经九九八十一磨难，但最后修成了正果。

阿里巴巴的总裁马云，就非常欣赏唐僧团队，认为一个理想的团队就应该有这四种角色。一个坚强的团队，基本上要有四种人：德者、能者、智者、劳者，德者领导团队，能者攻克难关，智者出谋划策，劳者执行有力。

二、如何融入团队

1．进入团队，赢得认可

不管是学校还是职场，学习或工作环境中有同学、同事关系，有级别关系，也有部门关系。特别是在职场中每一件事情可能既要考虑部门利益也要考虑个人利益，既有合作又有竞争。所以不管你是刚刚进入大学还是初入职场，你都要面临一个问题——接触新的团队。所以当你接触一个新的团队，怎样顺利加入新团队，与团队和谐相处，赢得大家的认可？成了我们现在主要讨论的问题，在经过了无数前人的经验后可总结出以下几个方面。

（1）自古"德才兼备"者才被人尊崇，为什么"德"放在"才"的前面，而不是"才德兼备"，可见"德"更被重视。"德"体现一个人的品质，其中诚信更是不少企业录用人才首要的标准，甚至有些企业招聘时明确表示"有才无德莫进来"，因此，诚信的品质比实际技术更加重要。企业向你抛出橄榄枝的原因首先是对你品质和修养的肯定，其次才是你的学识和专业。

（2）谦虚求问。孤芳自赏、恃才傲物只会让自己失去很多学习的机会，作为职场新人处在一个新环境中，不管你曾经获得多少奖学金，不管你曾经有多大的能耐，从走出校门的那一刻开始，一切都要从零开始，本着谦虚求问的态度"多干活少说话"准没错。刚参加工作的你有想法、有创意、有抱负是好事，切忌锋芒毕露、自作主张。"欲速则不达"，要获得别人的认可，工作业绩才是最有力的证明。

（3）沟通协作。沟通能力强的人，走到哪儿都不会形单影只；善于交流的人，走到哪儿都不会孤身一人，沟通协作有助于新人更快融入团队。想要得到别人尊重，首先得去尊重别人。想让同事亲近你，首先要主动友善地亲近身边同事，态度积极地询问和请教问题，这样才会得到对方同样友善的回应，使双方更快、更友好地熟悉起来，不仅有利于自身的成长，也有利于工作沟通和协作。

（4）懂得付出的人更受欢迎。沃顿商学院最受欢迎的成功课中写道："在团队中，付出者能赢得更大的信任和认可。"才华横溢的人容易遭人嫉恨，如果他们是付出者，就不再被人视为眼中钉。在团队中，每个成员的参与感和存在感是因人而异的。那些存在感强的人往往是那些在关键时刻敢于说"我来"的人。每个人在团队中都有存在的价值，那种"多我一个不多，少我一个不少"的观念不应存在于团队成员的脑海中。自己都认为自己可有可无，那么总有一天你真的会变得可有可无。

（5）责任心。遇到大事，谁都会认真处理，谨慎对待，有的时候责任心却是体现在工作中琐碎的小事上。很多新人往往忽略这一点，对此不屑一顾。职场新人做的每一件事，都是向上司或同事展示自己学识和价值的机会，只有做好每件事，才能真正赢得信任。

（6）积极参加团队的集体活动。大多数人喜欢把工作的同事圈子与生活的朋友圈子分开，营造两个交往空间。将工作与生活隔离开来自然有它的道理，但是要成为一个优秀的员工，在工作之外的生活时间里，也要尽量增加与同事沟通的时间和机会。集体的娱乐活动是一定要参加的；其次，在闲暇时，也可以与同事一起出去参加娱乐活动，如唱歌、郊游、跳舞等，借此增加彼此间的了解与信任，建立更进一步的关系。

2．进入团队，学会信任

三国中曹操率领大军准备渡过长江，占据南方。当时，孙刘联合抗曹，但兵力比曹军要少得多。

曹操的队伍都由北方骑兵组成，善长马战，但不善于水战。而当时正好有两个精通水战的降将蔡瑁、张允可以为曹操训练水军。曹操把这两个人当作宝贝，优待有加。一次东吴主帅周瑜见对岸曹军在水中排阵，井井有条，十分在行，心中大惊。他想一定要除掉这两个心腹大患。

曹操一贯爱才，他知道周瑜年轻有为，是个军事奇才，很想拉拢他。曹营谋士蒋干自称与周瑜曾是同窗好友，愿意过江劝降。曹操当即让蒋干过江说服周瑜。

蒋干过江，酒席筵上，周瑜让众将作陪，炫耀武力，并规定只叙友情，不谈军事，堵住了蒋干的嘴巴。

周瑜佯装大醉，约蒋干同床共眠。蒋干见周瑜不让他提及劝降之事，心中不安，哪里能够入睡。他偷偷下床，见周瑜案上有一封信。他偷看了信，原来是蔡瑁、张允写来，约定与周瑜里应外合，击败曹操。这时，周瑜说着梦话，翻了翻身子，吓得蒋干连忙上床。过了一会儿，忽然有人要见周瑜，周瑜起身和来人谈话，还装作故意看看蒋干是否睡熟。蒋干装作沉睡的样子，只听周瑜他们小声谈话，听不清楚，只听见提到蔡瑁、张允二人。于是蒋干对蔡瑁、张允二人和周瑜里应外合的计划确认无疑。

他连夜赶回曹营，让曹操看了周瑜伪造的信件，曹操顿时火起，杀了蔡瑁、张允。等曹操冷静下来，才知中了周瑜之计，但也无可奈何了。

有人说团队成败的关键就在于信任。信任是合作的开始，也是企业管理的基石。信任对一个团队来说，具有相当重要的作用。第一，信任能使人处于相互包容、互相帮助的氛围中，会更利于团队精神的形成；第二，信任能使每个人感受到自己对他人的价值和他人对自己的意义，满足个人的精神需求；第三，信任能有效地提高合作水平与和谐程度，促进工作的顺利开展。信任你的团队，信任你的伙伴，是团队成功的第一步。信任他人，不仅能有效地激励人，更重要的是能塑造人。在人与人相互信任的氛围中，彼此友好相处，会使思维空前活跃，同时也可以尽情发挥自己的聪明才智。所以要建成一个具有凝聚力并且高效的团队，第一个且最为重要的步骤，就是建立信任。这意味着一个有凝聚力的、高效的团队成员必须学会自如地、迅速地、心平气和地承认自己的错误、弱点、失败，同时还要乐于认可别人的长处，学会向别人求助。

看看我们现在的沟通方式，组织即将淹没在通信工具中，淹没在论坛、博客、电子邮件、电话中。我们比过去任何时候都更需要信任和我们一同工作的人。"信任"听起来美好，但行之不易。如何建立团队之间的信任？主要有以下四个方面。

（1）坦率地解决问题，像优秀的敏捷团队一样紧密工作，每个人的个性就会不可避免地凸显出来。信任的建立依赖于团队成员具备相当的勇气去与"给他们带来麻烦"的人进行坦率的沟通，而不是压根不与对方沟通，就直接找到领导大倒苦水。当人们不知道如何处理不快的对话或者认为维护工作关系与他们无关的时候，团队的信任就会受损。

（2）要敢于说出你的想法。如果你不赞同，说出来。当然，有建设性地说出想法对有效地沟通是很重要的，可以去想想如何才能做到，但不管怎样，说出来。当团队里某人在讨论问题的时候保留自己的观点和想法，之后又批评说"我一开始就认为这主意是错的"。其他团队成员就会觉得措手不及。这伤害了彼此的信任感。

（3）信守承诺，当不能守诺时提早告知。非常简单，当事态发展不合计划时，尽力做到透明和提前告知。尽管如此，可以参考减少这种意外的发生频率。不同意就说"不"，抛弃那些通常认为的"对每个请求必须都答应才算团队精神"等想法。没有原则地说"是"，只会让其他人不再信任你的言辞。如果你从不说"不"，你说"是"又能说明什么呢？这看上去有点自相矛盾，但是要建立彻底的信任时就需要承认你并不是什么都懂。

（4）把你知道的和你不知道的都展现出来。简单地讲，就是把自己掌握的信息和别人大方分享，你才可以意识到哪些东西自己不知道，并对其保持开放的心态。

3．搭配互助，团队合作

人是群体动物，不能长期离开别人单独存在，需要与人交往合作，需要人的帮助。离开了群体，一个人不仅做不成什么大事，甚至难以生存。所以人的本性更渴望一个团结和睦舒适的生活环境。"人和万事兴"，团结和睦的环境，良好的人际关系，融洽的气氛，互相帮助，体贴友爱，可以使人心情舒畅，不必担心别人的陷害攻击，勾心斗角，就可全力以赴专心致力于自己的工作。

人多力量大，团结就是力量。团结就是为了集中力量，实现共同理想或完成共同任务而联合或结合；协作则是指若干人或若干部门互相配合来完成任务，所以一般综合起来就是团结协作。团队中有各种不同类型的人，如动力型、开拓型、保守型、外向型、内向型等。而各人又有各自独特的，甚至他人无法代替的优势和长处，当然各人也都有弱点和短处。将每个人的优秀长处，根据工作实际合理地搭配起来，优势互补构成有机的整体，大家团结一致齐心协力，就能发挥最佳的整体组合效应。

下面以 1999 年 NBA 获得总冠军的圣安东尼奥马刺队为例进行分析。这个球队的历史并不长，在 NBA 来说，是一个相对比较年轻的队伍，球队中也没有像乔丹、约翰逊那样有号召力的英雄人物。因此，即使它打进总决赛的时候，很多人也都并不看好这支队伍，但是没想到一路走来，靠着团队合作的团队精神，这支球队最终摘得了总冠军，令全球观众都对其刮目相看。

信息社会知识爆炸，每个人的精力又是有限的，不可能掌握所有的知识，必须依靠集体的智慧，这就要交流合作，集思广益。对于企业来说，一个优秀的团队意味着什么？一个优秀的团队，可以让企业生存更加久远，可以更好地达成企业的各项经营目标，也可以更好地使顾客满意。

合作可以产生 1+1>2 的倍增效果。据统计，诺贝尔获奖项目中，因协作获奖的占 2/3 以上。在诺贝尔奖设立的前 25 年，合作奖占 41%，而现在则跃居 80%。

微软公司在美国以特殊的团队精神著称，像 Windows 2000 这样产品的研发，微软公司有超过 3 000 名开发工程师和测试人员参与，一共写出了 5 000 万行代码。没有高度统一的团队精神，没有全部参与者的默契与分工合作，这项工程是根本不可能完成的。

海尔团队也是优秀的。一个平凡的故事令人感动：1999 年 4 月 5 日下午两点，一个德国的经销商打来电话，要求"必须在两天内发货，否则订单自动失效"。而两天内发货意味着当天下午所要的货物就必须装船，而此刻正是星期五下午两点，如果按海关、商检等有关部门下午五点下班来计算的话，时间只有三个小时，按照一般程序，做到这一切似乎是没有可能性的。如何将不可能变为可能，此时海尔人优良的团队精神显示出了巨大的能量，他们采取齐头并进的方式，调货的调货、报关的报关、联系船期的联系船期，全部全身心地投入到工作中，抓紧每一分钟，使每一个环节都顺利通过。当天下午五点半，这位经销商接到了来自海尔"货物发出"的消息，他非常吃惊，吃惊再转为感激，还破了"十几年"的例向海尔写了感谢信。

在企业团队中，其实很多时候帮助别人，并不意味着自己吃亏，很可能会达到皆大欢喜的双赢效果。

有一个很有意思的故事，一个人被带去观赏天堂和地狱，以便比较之后能聪明地选择他的归宿。他先去看了魔鬼掌管的地狱。第一眼看去令他十分吃惊，因为所有的人都坐在酒桌旁，桌上摆满了各种佳肴，包括肉、水果和蔬菜。

然而，当他仔细看那些人时，发现没有一张笑脸，也没有伴随盛宴的音乐狂欢的迹象。坐在桌子旁边的人看起来沉闷，无精打采，而且瘦得皮包骨头。他还发现每个人的左臂都捆着一把叉，右臂捆着一把刀，刀和叉都有四尺长的把手，使它很难用来吃菜，所以即使每一样食品都在他们手边，结果还是吃不到，他们一直在挨饿。

然后他又去天堂，景象完全一样：同样的食物、刀、叉和那些四尺长的把手。然而，天堂里的居民却都在唱歌、欢笑。这位参观者困惑了，他不解为什么情况相同，结果却如此不同。在地狱的人都挨饿而且可怜，可在天堂的人吃得很好而且很快乐。

后来，他终于得到了答案：地狱里每一个人都试图喂自己，可是一刀一叉以及四尺长的把手根本不可能让他自己吃到东西；而天堂里的每一个人都是喂对面的人，而且也被对面的人所喂，因为互相帮助，所以皆大欢喜。

的确，一滴水很快就会干枯，它只有投入到大海的怀抱，才能长久地存在。同理，个体也只有和团队融为一体，才能获得无穷的力量。

一位著名管理者说："不管你个人多么强大，你的成就多么辉煌，你只有保持与他人的合作关系，这一切才会有现实意义。"

第三节 户外课堂——针对性拓展训练

在大数据行业内，由于专业的特殊性，大数据专业团队成员构成由于技术性人才较多，一般比较自我，不愿意受束缚，希望自由的工作环境。因为专业修习的特点，我们大多数人在学习和工作期间相对其他工作体验较为枯燥，多数时间需要一个人面对，但并不表示我们是单打独斗，恰恰相反，我们更需要明确团队的必要性，共同促进团队发展。这首先体现在沟通交流能力提升、建立融洽的团队氛围和协作能力的提升等层面，其次才是技术上的互补。另外，技术人员往往是一个萝卜一个坑，具有一定压力，团队成员需要适时地缓解压力。针对这些我们开发了一些比较适用大数据团队的团队拓展训练方法。

本节内容是一种体验式学习方式，通过几个有趣并具有团队教育意义的活动来帮助学生理解团队的意义，切实地融入团队；培养学生的团队协作能力和合作精神，增强彼此在团队中的相互信任和理解。

一、快乐大转盘

1．编排目的

（1）在 IT 行业里，进入一个刚刚成立的团队，彼此之间的相处是很重要的。有些技术人员在这方面相对不太注意。当你越不在意时，你发现你与团队会越疏远。所以我们首要的任务是打破拘谨，熟悉团队，建立融洽、亲近的氛围，在这个基础之上，找到团队成员之间的默契，促进团队工作。

（2）交往是团队中的重要话题。和谐相处，和同事、朋友交往密切均可促使目标的达成。

（3）在活动中找出让别人接受你的方法，还要用一颗宽容的心去接纳别人。

2．参加人数

偶数且人数越多越好。

3．时间

20 分钟。

4．道具

无。

5．活动规则

（1）老师让学生围成两个人数相等的同心圆，圆圈中的人面对面相对而立。

（2）由老师宣布转盘规则。

① 在你面前的人，你可以有三种选择，与对方"微笑、握手或拥抱"。当你想微笑时，伸出一个手指高举至肩；当你想与对方握手时，伸出两个手指高举至肩；当你想与对方拥抱时，伸出三个手指高举至肩。如果对方的手指数与你一样，你们就可以按照你们的选择微笑、握手或拥抱。如果你们双手的手指数目不相等，你就和你面前的人什么也不要做。

② 你们与对面的人只有很短的时间选择。当选择结束后，我会高喊："向右迈一步。"你们所有人听到命令后就向右迈一步，然后与站在你面前的新人重复以上的动作。

（3）老师询问大家是否已经明白游戏规则，如果已经明白，就宣布正式开始。

6．注意事项

（1）如果人数众多，场地则要很大，请考虑场地的充足性。

（2）老师可自行决定是否完整地转完一圈才结束。

7．相关讨论

（1）与人为善，自己得善。

（2）有开放的心态，就会有很多朋友。

（3）每个人都可能被人拒绝，但重要的是进行尝试。

二、人椅

1．编排目的

一个团队的成功绝对不是依靠个人英雄主义，更多的是协调能力和合作精神。这一点在大数据团队也是一样的。例如，一个人在团队中技术很好，被誉为公司的技术"大牛"，但也不能以为他是技术"大牛"，那么其他人就没有作用，没有其他人的协作帮扶，单凭他一个人依然不能取得最终的成功。所以培养学生养成在明确的目标下相扶相持的理念是必须的。

2．参加人数

全体。

3．时间

每组 5 分钟。

4．道具

兔子舞音乐。

5．活动规则

（1）全体学生围成一个圈，每位学生将双手放在前面一位同学的肩膀上，伴随音乐跳兔子舞，当学生与自己前后的人相处愉快时，停下来。

（2）每位学生都将自己的双手放在自己前面的同学双肩上。

（3）听从老师的指令，全体学生一起缓缓地坐在自己身后同学的大腿上。

（4）坐下后，老师再给予指令，让学生喊出相应的口号。（如，"齐心协力、勇往直前"），然后全体一起数数。

（5）也可依照小组竞赛的形式进行，看看哪个小组坚持最长时间不松懈。

6．注意事项

（1）老师要在旁边给予学生鼓励，如告诉他们已经坚持多长时间了，不断鼓舞大家的士气。

（2）这个游戏考察学生的协调能力和合作精神，要知道坐在别人腿上和被坐人都是不好受的，需要彼此容忍及配合，还要有一个明确坚定的目标——比别的组坚持的时间更长。

（3）同组的同学之间的沟通协作是十分重要的，如果他们能相互鼓励以及随时让队友知道自己的状况将有利于任务的完成。因此，同学们也可体会到同伴的重要性，也能增进他们相互了解。

7．相关讨论

（1）要在竞争中取胜，什么是最重要的？

（2）是否有依赖思想，认为自己的松懈对团队的影响不大？最后出现什么情况？

（3）在发现自己出现以上变化时，是否及时加以调整。

（4）在游戏过程中，自己的精神状态是否发生变化？身体和声音是否也相继出现变化？

三、无敌风火轮

1．编排目的

在遇见技术难题时，我们需要的不是相互抱怨，而是想办法去攻克，这需要发挥所有人的智慧，调动所有人的创造力，本活动主要培养学生团结一致、密切合作、克服困难的团队精神；培养计划、组织、协调能力；培养服从指挥、一丝不苟的工作态度；增强团队成员之间的相互信任和理解。

2．参加人数

全体。

3．时间

每组 5 分钟。

4．道具

报纸或者宽布条，胶带。

5．活动规则

（1）按小组分队，每个小组人数最好多于 3 个人。

（2）首先要利用报纸和胶带制作风火轮，就是制作一个圆纸环，将报纸用胶带首尾连起来，可以容纳全体成员站进去，报纸尽量粘得厚一些，行动起来不容易断裂，采用布条效果更佳。

（3）做好后，所有的人站到圆环上，从起点开始向终点前进，最先到达的小组获胜。

（4）如果风火轮断裂，需要立刻停止下来，必须将风火轮修补完成，才能继续开始游戏。

6．注意事项

（1）场地选择平坦空旷的地方。

（2）无敌风火轮的游戏规则，限制了单人的能力，强调合作精神。在前进的过程中，一个人走得快得话，会使整个风火轮断开，所以必须团队配合，一起进步才能到达胜利的彼岸。

7．相关讨论

（1）协同工作，才是取胜之法。

（2）如果轮子断开了，怎么做才能把损失降到最小？

【本章小结】

本章介绍了团队的基本概念，通过概念的延伸叙述了团队的作用，并指出了团队组建的各种要素、融入团队应该注意的几个方面，以及需要培养具备的能力，其中列举了很多案例；最后给出了几种团队活动方案来帮助大家深入认识团队、理解团队，从而牢固掌握本章知识。

你可以在下面写下自己的学习和训练体会，帮助自己进一步提高。

_____

_____

_____

【思考与练习】

1. 团队组建。贴合专业，根据自愿原则，自由组合班级同学，8～10 人一组，组建团队，选出队长，并设计自己的队名、口号、队旗等。在下节课前做展示，评选优秀团队。

2. 博士乘船过河，在船上与船夫闲谈。"你会文学么？"博士问船夫。"不会。"船夫答道。"那么历史呢？"博士又问。"也不会。"船夫说。"那么地理、生物、数学呢？你总会其中一样吧。"博士又说。"不，我一样也不会。"船夫再答道。博士于是感叹起来："一无所知的人生啊，将是多么可悲！"正说着，忽然一阵大风吹来，河中心波涛滚滚，小船危在旦夕。于是船夫问博士："你会游泳么？"博士愣住了："我什么都会，就是不会游泳。"话还未说完，一个大波浪打来，船翻了，博士和船夫都落入了水中。船夫凭着自己熟练的游泳技术救起了奄奄一息的博士，这时他对博士说："我什么也不会，可是没有我，你早就淹死了。"

思考讨论：你认为案例中的博士和船夫的对话带给你的启示是什么？

第七章 信息搜集与处理能力提升

第一章 信息概要

本章重点

√ 网络信息搜集
√ 电子信息存储的特点及常用存储介质
√ Excel 数据处理与分析

本章难点

√ 信息的整理
√ Excel 数据处理与分析

在当今社会若想更好地立足于职场，必须具备职业核心能力。对个人来说，核心能力是就业必备的技能，是成功的钥匙；对企业来说，培训员工的职业核心能力是增强企业核心竞争的基础；对学校来说，培训职业核心能力是为了增强毕业生的就业竞争力。而对于大数据专业的同学来说，信息处理能力是必备的职业核心能力之一。

本章主要介绍信息搜集、整理与存储，利用 Excel 工具对数据信息进行处理和分析。通过本章的学习，学生们能了解互联网时代的信息搜集，基本掌握常用搜索引擎的使用及相应特点，并能利用 Excel 工具对常规数据信息进行处理与分析。

第一节　信息搜集

一、信息概述

信息，泛指人类社会传播的一切内容。简单地说，信息就是某个事物所表达的意思和内容。人们通过获得、识别自然界和社会的不同信息来区别不同事物，得以认识和改造世界。1948 年，信息论的创始人——数学家香农，在题为"通信的数学理论"的论文中指出："信息是用来消除随机不定性的东西"。创建一切宇宙万物的最基本万能单位是信息。20 世纪 80 年代哲学家们提出信息的广义定义，他们认为信息是直接或间接描述客观世界的，把信息作为与物质并列的范畴纳入哲学体系。信息的概念是人类社会实践的深刻概括，并随着科学技术的发展而不断发展。

由于信息是事物的运动状态和规律的表征，因此信息的存在是普遍的；又由于信息具有知识的秉性，因此它对人类的生存和发展是至关重要的。信息普遍存在于自然界、人类社会和人的思维之中。在一切通信和控制系统中，信息是一种普遍联系的形式。

1．信息的基本特征

（1）载体依附性：信息本身是无形的，既看不见，也摸不着，不能独立展现。语言、文字、声音、图像、视频都不是信息，而是信息的载体，也是表现形态，信息是通过载体来表达和传播的。书是文字图像的载体，也是信息的载体，而书本身不是信息。

（2）传递性和共享性：信息的共享一般不产生损耗，还可以广泛地传播。英国作家萧伯纳对信息的共享有一个形象的比喻：你有一个苹果，我有一个苹果，彼此交换一下，我们仍然是各有一个苹果；如果你有一种思想，我也有一种思想，我们相互交流，就都有了两种思想，甚至更多。

（3）时效性：信息仅在一定时间段内对决策具有价值的属性。信息的时效性很大程度上制约着决策的客观效果。就是说同一信息在不同的时间具有很大的性质上的差异，我们把这个差异称为信息的时效性。信息的时效性影响着决策的生效时间，可以说是信息的时效性决定了决策在哪些时间内有效。所以信息的效用会随着时间的推移发生变化。

（4）价值性：在市场经济条件下，信息已经成为一种极其重要的商品。信息社会通常被定义为信息生产和消费的集中。信息集中度取决于对信息的需求以及此需求被满足的程度。因此，一种看待信息社会是否形成的方法是评价信息的交换强度及信息内部流动的持久性。那么，什么是信息价值？它的价值如何确定？这些问题已成为当今信息社会所面临的最基本问题之一。近年来，行为经济学把经济学理论和心理学理论结合起来研究信息的主观价值，取得了一定的成果。这些研究成果对于我们认识了解信息的价值和在市场经济条件下人们对信息的需求特性，具有重要的启示作用。

（5）真伪性：信息有真信息和伪信息，即真实信息和虚假信息之分。

2．信息的来源

在信息社会里，信息的来源可谓多种多样。与我们的工作生活关系紧密的信息，主要有以下来源。

（1）电子信息：电子信息包括互联网、广播、电视、电话等资源。其中，互联网汇集的信息和信息表达形式丰富多彩，是人类进入信息时代的显著标志，也是搜集信息的首选来源。

（2）文献信息：文献信息包括图书、报纸、杂志等资源。这是传统的信息传播工具，特点是内容翔实，便于保存、携带，以及使用方便。

（3）社会活动信息：一是人类自身即是信息的资源，人类在社会交流活动中产生的信息，一部分已通过文献等得以保存，另一部分仍留存在大脑的记忆中；二是人类社会活动的场所等实物载体，蕴含丰富的信息资源，如政府部门、市场、服务中介、事物运动现场、学术讨论会、展览会等。

3．信息的类型

信息可以从不同角度进行分类。能够满足人们使用计算机处理需求的信息类型有文字信息、数据信息、表格信息和图像信息等。

（1）文字信息：在计算机中被称为"文本"。文本主要有以下几种。

① 简单文本。也称为纯文本，没有字体、字号的变化，不能插入图片、表格，也不能建立超链接，几乎不包含任何其他的格式和结构的信息。简单文本主要用于网上聊天、短信、文字录入等。

② 格式化文本。该文本有字体、字号、颜色等变化，文本在页面上可以自由定位和布局，还可插入图片和表格。格式化文本主要用于公文、论文、书稿、网页等。

③ 超文本。若干文本或文本中的各个部分可按照其内容的关系互相链接起来，从而形成"超文本"。

（2）数据信息：是信息的最佳表现形式。数据通过能书写的信息编码表示信息，能够被记录、存储和处理，并从中挖掘出更深层的信息。例如，学生的学号、电话的区号、身份证件，对馆藏的图书、超市的商品等进行数字编码，赋予了数字特别的信息含义。

（3）表格信息：是特殊的图像信息，将数据或被说明的事物直接用表格形式体现出来，如常见的统计表。

（4）图像信息：是指各种图形和影像的总称。被计算机接受的数字图像有位图图像和矢量图形两种。通常，我们把位图图像称为图像，例如，数码相机拍摄的相片，扫描仪扫描的图片，屏幕上抓取的图像等都属于位图图像；而把矢量图（见图 7.1）称为图形，矢量图形是由图形软件创建的，图形以线条和色块为主。

图 7.1　矢量图形

二、信息搜集的方法

根据信息搜集时所接触的对象与获得的信息材料的具体途径和手段方式不同，信息搜集的方法主要有调查法、实验法、观察法和网络检索法等。

1．调查法

调查法是通过各种工具、途径，直接或间接获取信息的一种方法。最常用的调查法一般分为面访调查、电话调查、网络调查等。调查法主要应用在市场调查研究的信息收集。

（1）面访调查

面访调查是指调查人员直接向被调查者口头提问，并当场记录答案的一种面对面的调查。面访调查根据调查地点和所使用设备的不同分为入户面访调查和街头拦截式面访调查等。

① 入户面访调查

入户面访调查是指被调查者在家（或单位）单独接受访问。在入户面访调查中，访谈员到被调查者家中或单位中，依据问卷或调查提纲进行面对面的直接访问。

入户面访调查是一种应用较为普遍的资料收集方式。由于入户面访调查采取私下的、面对面的访谈形式，同时又有访谈员的协助，因此可以对复杂的内容进行调查。从被调查者的角度来看，由于被调查者身处自己熟悉的环境，可以放松地参与访谈，从而有可能得到质量较高的调查结果。

② 街头拦截式面访调查

街头拦截式面访调查也是一种较为普遍的询问调查。这种调查一般是在超市、商贸中心等繁华地段展开。在调查过程中访谈员按照规定的程序和要求选取被调查者，征得受访者同意以后，在现场或者在附近的访谈室展开访谈。

街头拦截式面访调查被认为是入户面访的替代形式。在街头拦截式面访调查中访谈员不用专门去寻找被调查者，这样，访谈员就可以将大部分时间用于访谈，减少了搜寻被调查者所耗费的时间、精力和费用，所以街头拦截式面访调查的调查成本要低于入户面访调查。

（2）电话调查

电话调查是调查人员利用电话与被调查者进行语言交流，从而获得信息的一种调查方式。在发达国家，由于电话普及率高，且人们已经习惯于电话调查，因此电话调查几乎涉及各个领域，甚至还有超过 30 分钟的复杂问卷的调查。然而在我国，目前电话调查的应用范围还比较有限，电话调查主要使用在以下几个领域：热点问题或突发性问题的快速调查；特定问题的消费者调查（如新产品的购买意向，新推出广告的到达率，新开播栏目的收视率）；企业调查（如企业管理者对某些问题的看法，对某些产品的评价及购买意向）等。

（3）网络调查

网络调查是指以互联网为媒介进行的资料收集活动。从严格意义上来说，网络调查不仅可以收集原始资料，也可以收集已有资料。从这个角度上看可以把网络调查划分为两种方式：一种方式是利用互联网直接向网民调查，以收集原始资料；另一种方式是利用互联网的媒体功能，从互联网上收集已有资料。

2．实验法

实验方法能通过实验过程获取其他手段难以获得的信息或结论。实验者通过主动控制实验条件，包括对参与者类型的恰当限定、对信息产生条件的恰当限定和对信息产生过程的合理设计，可以获得在真实状况下用调查法或观察法无法获得的某些重要的、能客观反映事物运动表征的有效信息，同时还可以在一定程度上直接观察研究某些参量之间的相互关系，有利于对事物本质的研究。

实验方法也有多种形式，如实验室实验、现场实验、计算机模拟实验、计算机网络环境下人机结合实验等。现代管理科学中新兴的管理实验，现代经济学中正在形成的实验经济学中的经济实验，实质上就是通过实验获取与管理或经济相关的信息。

3．观察法

观察法是通过观察事物的属性和特征获取信息，以及参加各种生产经营、实地采样的各种观察及调研等。它是信息收集人员亲自到经济活动现场或借助一定的设备对信息收集对象的活动进行观察并如实记录的收集方法。这种方法既可以用来收集消费者信息，也可以用于了解竞争对手。

观察法主要应用于消费环境的观察，如在开发新产品前，了解消费环境可以提高产品的适应性；商品使用情况的观察，使用情况不仅反映了消费者对商品的态度、消费习惯（用量、次数），而且有助于发现产品的新用途，对于企业改进产品、宣传产品都有帮助；了解消费者需求和购买习惯的观察，在西方国家，顾客观察已成为调查机构提供的一种特殊服务，调查人员装扮成顾客或工作人员，跟踪和记录顾客的购买过程，在货架前的停留时间，顾客的性别、年龄、服饰、观察商品的顺序，顾客行进的路线等，通过观察和分析有助于企业改进服务。

比较适合观察法收集的信息主要是：对准确性要求比较高的信息；不需要深入分析的信息（如购物习惯、购买量、购买者性别等），收集对象不愿意透露的信息；不需要大量数据就能进行分析的信息等。

4．网络信息搜集法

网络信息搜集法就是利用网络进行信息搜集的方法。随着计算机及因特网的飞速发展，通过网络可以搜集巨量以文本、图像、音频、视频、软件和数据库等多种形式存在的信息资源，涉及领域从经济、科研、教育、艺术到具体的行业和个体，包含的文献类型从电子报刊、电子工具书、商业信息、新闻报道、书目数据库、文献信息索引到统计数据、图表、电子地图等。由于越来越多的政府机构、企业、报纸、杂志、电台等都纷纷将信息放置在网上，因此网络已成为信息的海洋，信息蕴藏量极其丰富，网络信息资料的收集则具有压倒性的优势。据估计，人类掌握的全部知识中，已经有一半的知识可以在网络上找到，如此巨大的信息库是任何一个企业都无法忽视的。

（1）网络信息检索技巧

信息检索的核心就是信息获取的能力。常用检索工具中提供线索的指示型检索工具（二次文献）包括书目、馆藏目录、索引、文摘、工具书指南，提供具体信息的参考工具（三次文献）包括词典、引语工具书、百科全书、类书、政书、传记资料、手册、机构名录、地理资料、统计资料、年鉴、政府文献。

① 选择合适的关键词

网络上有着巨量的信息资源，选择合适的关键词至关重要，找对关键词可以全面且准确地搜集目标信息。关键词的使用有以下几个技巧。

a．使用全称与简称，如表 7.1 所示。

表 7.1 关键词

全称	简称	缩写
脱氧核糖核酸		DNA
乙型病毒性肝炎	乙型肝炎、乙肝	HB
计算机辅助设计		CAD

b．使用同义词和相近词：例如，"酒精"和"乙醇"，"食盐"和"氯化钠"。

c. 使用上下位类词：例如，花是"鲜花"的上位词，"植物"是花的上位词。"电阻焊"的下位词有"点焊""缝焊""凸焊""对焊"，因为这是电阻焊的四种形式。

② 布尔逻辑检索

a. 逻辑"与"：用来表示其所连接的两个检索项的交叉部分，即交集部分，用"AND"或"*"表示。如果用 AND 连接检索词 A 和检索词 B，其检索式为：A AND B（或 A*B）。表示让系统检索同时包含检索词 A 和检索词 B 的信息集合 C。具有缩小检索范围的功能，有利于提高查准率。例如："东北虎 and 野生"。

b. 逻辑"或"：用于连接并列关系的检索词，用"OR"或"+"表示。如果 OR 连接检索词 A 和检索词 B，其检索式为：A OR B（或 A+B）。表示让系统查找含有检索词 A、B 之一，或同时包括检索词 A 和检索词 B 的信息。具有扩大检索范围，防止漏检的功能，有利于提高查全率。例如："冬虫夏草 or 冬虫草 or 虫草"，（西红柿+番茄）*（种植+栽培+培育）。

c. 逻辑"非"：用"NOT"或"-"号表示。用于连接排除关系的检索词，即排除不需要的和影响检索结果的概念。如用 NOT 连接检索词 A 和检索词 B，其检索式为：A NOT B（或 A-B）。表示检索含有检索词 A 而不含检索词 B 的信息，即将包含检索词 B 的信息集合排除掉。例如"工业大学 not 北京"。

③ 通配符的使用

对于英文相关信息的检索使用通配符可以大幅提升查全率。检索时在词干的不同位置添加"？""*"或"$"，以此代表词的可变部位，以检索一组概念相关或同一词根的词，从而减少相同词干的检索词的输入数量，这是提高查全率的一种常用检索方法。

（2）常用搜索引擎介绍

常用搜索引擎有百度、谷歌、必应、360 搜索和搜狗搜索等。2018年 2 月，中国各大搜索引擎市场份额如图 7.2 所示，中国 PC 端搜索引擎市场份额如图 7.3 所示，中国移动端搜索引擎市场份额如图 7.4 所示，全球搜索引擎市场份额如图 7.5 所示。尽管每月各大搜索引擎所占份额会有所浮动，国内是"百度"占据绝大份额，国外则是"Google"占据绝对份额，这两款搜索引擎有着绝对的优势和地位。

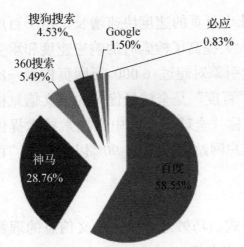

图 7.2　中国搜索引擎市场份额

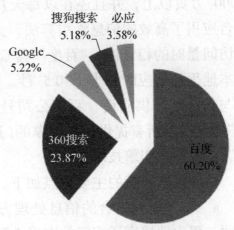

图 7.3　中国 PC 端搜索引擎市场份额

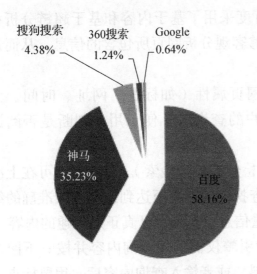

图 7.4　中国移动端搜索引擎市场份额

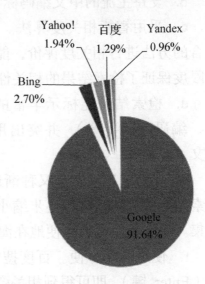

图 7.5　全球搜索引擎市场份额

① 百度

"百度"，是全球最大的中文搜索引擎和中文网站。2000 年 1 月 1 日百度公司创建于北京中关村。百度技术团队掌握着世界上最为先进的搜索引擎技术，使百度成为中国掌握世界尖端科学核心技术的中国高科技企业，也使中国成为美国、俄罗斯和韩国之外，全球仅有的四个拥有搜索引擎核心技术的国家之一。

百度使用了高性能的"网络蜘蛛"程序自动地互联网中搜索信息，可定制、高扩展性的调度算法使得搜索器能在极短的时间内收集到最大数量的互联网信息。百度在中国各地和美国均设有服务器，搜索范围覆盖全球。百度搜索引擎拥有目前世界上最大的中文信息库，总量达到

6 000 万页以上，并且还在以每天几十万页的速度快速增长。由于百度后台应用了高效的信息索引算法，大大提高了检索时的响应速度和承受大访问量时的稳定性。"百度"搜索引擎对超过 6 000 万网页检索一次的本地平均响应时间小于 0.5 秒。"百度"是全球最优秀的中文信息检索与传递技术供应商，百度公司号称"全球最大的中文搜索技术提供商"。在中国所有提供搜索引擎的门户网站中，超过 90%以上都由"百度"提供搜索引擎技术支持。

百度搜索功能的主要特点如下。

a．基于字词结合的信息处理方式。巧妙地解决了中文信息的理解问题，极大地提高了搜索的准确性和查全率。

b．支持主流的中文编码标准。

c．采用智能相关度算法。百度采用了基于内容和基于超链分析相结合的方法进行相关度评价，能够客观分析网页所包含的信息，从而最大限度保证了检索结果的相关性。

d．检索结果能标示丰富的网页属性（如标题、网址、时间、大小、编码、摘要等），并突出用户的查询串，便于用户判断是否阅读原文。

e．支持二次检索（又称渐进检索或逼进检索）。百度搜索可在上次检索结果中继续检索，逐步缩小查找范围，直至达到最小、最准确的结果集。利于用户更加方便地在海量信息中找到自己真正感兴趣的内容。

f．使用简单方便。百度搜索引擎仅需输入查询内容并按一下回车键（Enter 键），即可得到相关资料。或者输入查询内容后，用鼠标点击"百度搜索"按钮，也可得到相关资料。

g．支持多个词语搜索。输入多个词语搜索（不同字词之间用一个空格隔开），可以获得更精确的搜索结果。例如，想了解上海房价的相关信息，在搜索框中输入：[上海　房价]，获得的搜索效果会比输入[上海房价]得到的结果更好。在使用百度查询时不需要使用符号"AND"或"+"，百度会在多个以空格隔开的词语之间自动添加"+"。百度提供符合你全部查询条件的资料，并把最相关的网页排在前列。

② 谷歌

Google 是由两个斯坦福大学博士生 Larry Page 与 Sergey Brin 于 1998 年 9 月在美国硅谷创建的高科技公司，他们所设计的 Google 搜索引擎，旨在提供全球最优秀的搜索引擎服务，通过其强大、迅速而方便的搜索引擎，在网上为用户提供准确、翔实、符合他们需要的信息。Google 虽然已经退出中国市场，但国际用户数量大，Google 占据全球搜索市场 90%以上。

Google 搜索提供四大功能模块：网站、图像、新闻群组和网页目录服务。主页默认是网站搜索。功能模块以下为检索输入框，可限定的搜索范围为：搜索所有网站、搜索所有中文网页或搜索中文（简体）网页，并提供高级搜索、使用偏好、语言工具三种设定功能。

Google 搜索的主要特点如下。

a. 自动使用 "and" 进行查询。Google 只会返回那些符合全部查询条件的网页，且不需要在关键词之间加上 "and" 或 "+"。如果想要缩小搜索范围，只需输入更多的关键词，并在关键词中间留空格就行。

b. 忽略词。Google 会忽略最常用的词和字符，这些词和字符称为忽略词。Google 自动忽略 "http" "com" 和 "的" 等字符以及数字和单字，这类字词不仅无助于缩小查询范围，而且会大大降低搜索速度。使用英文双引号可将这些忽略词强加于搜索项，例如，输入 "光阴的故事" 时，加上英文双引号会使 "的" 强加于搜索项中。

c. 简繁转换。Google 运用智能型汉字简繁自动转换系统，可为用户找到更多相关信息。这个系统不是简单的字符变换，而是简体和繁体文本之间的 "翻译" 转换。例如，简体的 "计算机" 会对应于繁体的 "电脑"。当搜索所有中文网页时，Google 会对搜索项进行简繁转换后，同时检索简体和繁体网页，并将搜索结果的标题和摘要转换成与搜索项相同的一种文本（简体或繁体），便于阅读。

d. 不支持 "通配" 检索。为提供最准确的资料，Google 不使用 "词干法"，也不支持 "通配符"（＊）搜索。也就是说，Google 只搜索与输入的关键词完全一样的字词。例如，搜索 "googl" 或 "googl*"，不会得到类似 "googler" 或 "googlin" 的结果。

e. 不区分英文字母大小写。Google 搜索不区分英文字母大小写。所有的字母均当做小写处理。例如：搜索 "google" "GOOGLE" 或 "GoOgLe"，得到的结果都一样。

f. 短语搜索。在 Google 中，可以通过添加英文双引号来搜索短语。双引号中的词语（如 "like this" 和 "伊拉克战争爆发"）在查询到的文档中将作为一个整体出现。这一方法在查找名言警句或专有名词时显得格外有用。一些字符可以作为短语连接符。Google 将 "-" "\" "."

"="和"…"等标点符号识别为短语连接符。

g. 特定网域。有一些词后面加上冒号对 Google 有特殊的含义。其中有一个词是"site:"。要在某个特定的域或站点中进行搜索，可以在 Google 搜索框中输入"site：xxxxx.com"。例如，要在 Google 站点上查找新闻，可以输入：新闻 site：www.google.com。

③ 必应

必应是一款由微软公司推出的网络搜索引擎，其前身为 Live Search。为符合中国用户使用习惯，Bing 中文品牌名为"必应"。

必应搜索的主要特点如下。

a. 与 Window 操作系统深度融合，推出必应缤纷桌面。通过该功能，用户无需打开浏览器或点击任何按钮，就可直接在 Windows 8.1 搜索框中输入关键词，可一键获得想要的信息，而且每天会自动为用户更换桌面。

b. 全球搜索与英文搜索。中国存在着大量具有英文搜索需求的互联网用户。必应能更好地满足中国用户对全球搜索——特别是英文搜索的刚性需求，实现稳定、愉悦、安全的用户体验。2016 年 5 月 19 日，搜狗与微软必应合作推出英文和学术搜索。

c. 视频直播。在包含视频搜索结果的结果页面上，用户无需点击视频，只需要将鼠标放置在视频上，必应搜索立刻开始播放视频的精华片段，帮助用户确定是否是自己寻找的视频内容。

d. 图片滚动。通过必应搜索的图片搜索，搜索结果图片无需烦琐的点击下一页，而是在一个页面内，轻松地拖动鼠标，便可以浏览相关图片搜索结果。并且，用户还可以对图片搜索结果的大小、布局、颜色、样式进行选择，快速找到钟意的图片。

④ 360 搜索

"360 搜索"是奇虎 360 科技有限公司旗下产品，奇虎 360 创立于 2005 年 9 月，是中国互联网和手机安全产品及服务供应商。

360 搜索的主要特点为：360 搜索开发了各类完善搜索行为的功能，包括搜索词自动补全、相关搜索，以及搜索推荐等，可为用户营造一个准确、全面、完善的搜索体验。

⑤ 搜狗搜索

搜狗搜索是搜狐公司于 2004 年 8 月 3 日推出的全球首个第三代互动式中文搜索引擎。搜狗搜索从用户需求出发，以人工智能新算法，分析和理解用户可能的查询意图，对不同的搜索结果进行分类，对相同的搜索结果进行聚类，引导用户更快速准确地定位目标内容。该技术全面应用到了搜狗网页搜索、音乐搜索、图片搜索、新闻搜索等服务中。2016 年，搜狐公司相继推出明医搜索、英文搜索和学术搜索等垂直搜索频道。2017 年 1 月，搜狗搜索推出了日文及韩文搜索。

搜狗搜索的主要特点如下。

a. 查询语句简单。在默认情况下，搜狗查询只会返回那些符合全部查询条件的网站信息。不需要在关键词之间加上"and"或"+"等符号。

b. 在抓取速度上，搜狗搜索通过智能分析技术，对不同网站、网页采取了差异化的抓取策略，充分地利用了带宽资源来抓取高时效性信息，确保互联网上的最新资讯能够在第一时间被用户检索到。

c. 搜狗网页搜索 3.0 提供"按时间排序"功能，能够帮助用户更快地找到想要的信息。

在众多的搜索引擎中，百度"搜索引擎在中文搜索中的"应用最为广泛，而英文搜索中，"Google"搜索引擎应用得最为广泛。

第二节　信息整理与存储

我们搜集的信息可能是杂乱的，碎片的，甚至还有可能是虚假的，因此必须对信息进行一系列的整理，或进行再加工，最终才能将有效的信息进行存储。

一、信息的整理

完成信息的收集后，需要将收集的信息加以浓缩，在品质上加以提高，在形式上则是对信息进行整理。信息整理工作包括对原始信息进行归类、筛选、校核等工作。

1. 归类

归类整理信息就是将信息按照性质和内容分类归纳整理，如按信息文件的类型归类（表 7.2 所示为常用文件类型及打开方式）、按信息名称归类、按采集（或修改）时间归类、按特定项目归类等。

表 7.2　常用文件类型及打开方式

信息类型	扩展名及打开方式
文档文件	txt（所有文字处理软件都可打开）、docx（Word 2007 以上版本及 WPS 软件可打开）、xlsx（Excel 2007 以上版本可打开）、pptx（PowerPoint 2007 以上版本可打开）、wps（WPS 软件可打开）、rtf（Word 及 WPS 等软件可打开）、pdf（各种电子阅读软件可打开）
图形文件	bmp、gif、jpg、pic、png、tif（用常用图像处理软件可打开）
音频文件	wav（媒体播放器可打开）、wma、au、aif（常用声音处理软件可打开）、mp3（由 Winamp 播放）、ram（由 Realplayer 播放）
视频文件	avi、rm、rmvb、mp4（常用视频软件可打开）
压缩文件	rar（WinRAR 可打开）、zip（WinZip 可打开）、arj（用 ARJ 解压缩后可打开）、gz（UNIX 系统的压缩文件，用 WinZip 可打开）、
可执行程序	exe、com（是指一种可在操作系统存储空间中浮动定位的可执行程序。在 MS-DOS 和 MS-Windows 下，此类文件扩展名为.exe。Windows 操作系统中的二进制可执行文件分两种：一种是.com；另一种是.exe）

2．筛选

筛选就是对收集到的、大量的、已经初步分类的信息进行甄别，经过初步分析和研究，淘汰内容虚假的、无关的、失效的信息，选出内容新颖、有价值的信息。力求选出的每条信息都符合"实（充实）、新（新颖）、精（精练）、准（准确）"的要求。信息筛选与校对的目的是去粗取精、去伪存真，增加信息的可靠性。

3．信息核对

信息核对是对经过初步甄别的信息做进一步的校验核实，对同类信息进行对比分析，再对可能有用的信息进行审核查对；对关键性信息的相关因素开展证据收集和鉴定，对信息的真假和来源开展调查研究。

二、信息的存储

信息，通过各种渠道搜集过来，再经过整理、加工，最后能够进行存储的都是较为重要的信息。信息存储流程如图 7.6 所示。信息只有通过介质存储以后才能进行传递，因此信息存储是整个链条中最重要的环节之一。当今社会信息存储的主要方式分为纸质媒介存储、电子媒介存储和胶片存储三大类。

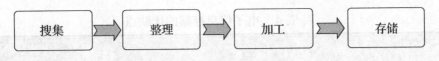

1．纸质媒介存储

在人类文明发展的历程中，信息的存储经历了从石头、兽骨、陶器、青铜器、石刻、竹简发展到锦帛，再到纸质媒介的过程从文化历史角度来讲，纸质文件从诞生起流传至今，对文化的保留与传承做出了巨大贡献。文献、名著、史记、包括许多具有重大参考价值的历史巨作都依靠纸质媒介被保存下。表 7.3 介绍了纸质媒介存储的优缺点。

表 7.3　纸质媒介存储的优缺点

优点	缺点
• 历史意义大及年代强 • 性价比高 • 符合人们的阅读习惯 • 可依据性高（尤其是手写原稿类，被篡改的概率低） • 文件稳定性高 • 便于长期保存 • 具有权威性 • 有利于知识产权保护	• 文献信息量有限 • 不便于大量复制 • 不便于大量携带 • 造成资源浪费（不环保） • 信息检索不便 • 共享性低

应用场合：国家机构、社会团体以及个人从事政治、军事、经济、科学、技术、文化、宗教等活动直接形成的对国家和社会有保存价值的历史记录，各类手绘书画等。

2．电子信息存储

信息时代每一天都有海量的信息产生，纸质存储已经无法满足需求，电子媒介的出现平衡了这一关系。常用的电子存储介质有光盘、硬盘、U 盘、CF 卡、SD 卡、MMC 卡、SM 卡、记忆棒（Memory Stick）、XD 卡等。对于目前的大数据，可用分布式存储。表 7.4 所示为电子信息存储的优缺点。

表 7.4　电子信息存储的优缺点

优点	缺点
• 具有多媒体类型和传递功能 • 具有通用性和易复制性 • 存储容量大 • 检索方便 • 传播速度快且范围广	• 对设备和环境依赖性高 • 信息可信度较低 • 知识产权保护难 • 不能满足大部分人阅读习惯 • 电子文件的法律效力不明确

应用场合：随着社会发展与科技进步，广泛应用于各行各业。

3. 胶片存储

胶片存储早期在摄影、摄像领域应用较为广泛，但随着电子技术的高速发展，此领域的比重大幅度减少。胶片存储的优缺点如表 7.5 所示。

表 7.5　胶片存储的优缺点

优点	缺点
• 适合长期保存	• 存储条件要求高 • 费用高 • 信息制成胶片周期长

应用场合：目前应用领域以医疗机构为主，如 X 胶片、CT、MR 胶片，以及口腔胶片等，未来会逐步被替代。

随着电子技术的发展，法律与知识产权保护措施的健全，更多的信息会转换成电子信息进行存储，同时电子信息存储介质的更新迭代，会给人类带来更大的便利和价值。

第三节　Excel 数据处理与分析应用

随着信息技术的迅猛发展与应用，数据呈现出海量（Volume）、高速（Veloctiy）、多样（Variety）与价值（Value）的 4V 特征，并已渗透到当今各行各业，成为重要的生产因素，深刻影响到技术、商业、法律、社会规范等人类生活的方方面面。数据作为与人、财、物比肩的资源，正在成为组织的财富和创新的基础，数据分析能力正在成为组织的核心竞争力。

Excel 已经是广大用户经常使用的一种数据处理和分析工具，也是应用最广的电子表格处理软件之一。Excel 的商务智能化、可视化效果、数据交互功能越来越受到广大用户的喜爱，本节将使用 Excel 2010 来进行数据处理和数据分析。同时本节内容还注重逻辑思维的拓展，以便培养学生的数据观察与函数构建能力。

一、Excel 表格的基本介绍

1. Excel 表格基本用途

（1）数据运算：可以通过各种基本编辑命令、排序、筛选、分类汇总、数据透视表、公式与函数等处理数据。

（2）数据存储：可将数据保存在 Excel 表格中供用户使用。

（3）创建各种图形：用各种专业化的图形直观地展现数据特点，即数据图表化。

（4）具有较强的数据交互功能，可以导入外部数据、导出内部数据。

（5）制作报表、图表。

（6）利用 Excel 进行数据分析，帮助管理老师进行判断和决策。

2. Excel 表格中的数据类型

单元格中的对象称为数据类型，数据类型可分为数值（日期和时间也属于数值）、文本、公式三种。

（1）数值：就是可以进行数学运算的数据。例如，价格、数量、百分比，其中，日期与时间值在 Excel 中以数值形式存储，它拥有数值所具备的一切运算功能，属于一种特殊的数值。

（2）文本：就是文字信息，它不能参与数学运算，常见的如姓名、性别、身份证号码等。

（3）公式：就是对某个计算方法的描述，是为了解决某个计算问题进行设置的计算式。公式主要分为普通公式、数组公式和命名公式（即定义名称的公式）。

二、数据处理基本技巧

1. 选择性粘贴

选择性粘贴是 Excel 强大的功能之一，如图 7.7 所示。

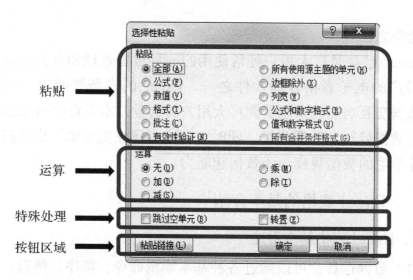

图 7.7 选择性粘贴

我们可以把它划成四个区域，即"粘贴""运算""特殊处理"和"按钮区域"。其中，粘贴方式、运算方式、特殊处理设置相互之间可以同时使用。选择性粘贴功能如下。

（1）"全部"：包括内容和格式等，其效果等于直接粘贴。

（2）"公式"：只粘贴文本和公式，不粘贴字体、格式（字体、对齐、文字方向、数字格式、底纹等）、边框、注释、内容校验等。

（3）"数值"：只粘贴文本，单元格的内容是计算公式则只粘贴计算结果，这两项不改变目标单元格的格式。

（4）"格式"：仅粘贴原单元格格式，但不能粘贴单元格的有效性，粘贴格式包括字体、对齐文字方向、边框、底纹等，不改变目标单元格的文字内容（功能相当于格式刷）。

（5）"批注"：把原单元格的批注内容复制过来，不改变目标单元格的内容和格式。

（6）"有效性验证"：将复制单元格的数据有效性规则粘贴到粘贴区域，只粘贴有效性验证内容，其他内容保持不变。

（7）"除边框外"：粘贴除边框外的所有内容和格式，保持目标单元格和原单元格相同的内容和格式。

（8）"列宽"：将某个列或列的区域粘贴到另一个列或列的区域，使目标单元格和原单元格拥有同样的列宽，不改变内容和格式。

（9）"公式和数字格式"：仅从选中的单元格粘贴公式和所有的数字格式选项。

（10）“值和数字格式”：仅从选中的单元格粘贴值和所有的数字格式选项。

（11）“转置”：可以将行的内容转换为列的排列，将列转换为行的排列。

下面将介绍几个小案例。

（1）选择性粘贴——粘贴（数值）。

如图 7.8 所示，该区域为公式，若复制此区域到目标位置粘贴，则显示如图 7.9 所示，而进行选择性粘贴时选择“数值”，如图 7.10 所示，其结果显示如图 7.11 所示，显示出了具体的数值。

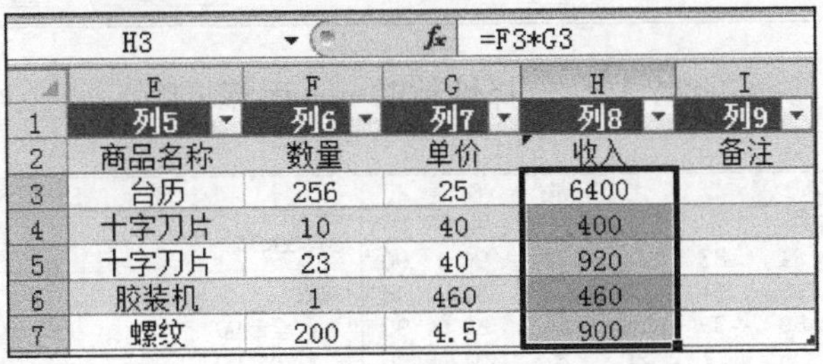

	E	F	G	H	I
1	列5	列6	列7	列8	列9
2	商品名称	数量	单价	收入	备注
3	台历	256	25	6400	
4	十字刀片	10	40	400	
5	十字刀片	23	40	920	
6	胶装机	1	460	460	
7	螺纹	200	4.5	900	

图 7.8 单元格数据类型为公式

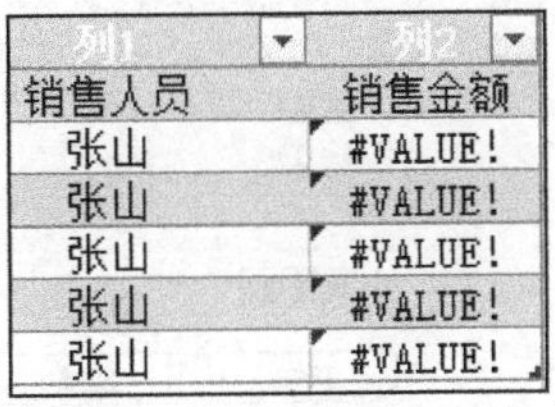

列1	列2
销售人员	销售金额
张山	#VALUE!
张山	#VALUE!
张山	#VALUE!
张山	#VALUE!
张山	#VALUE!

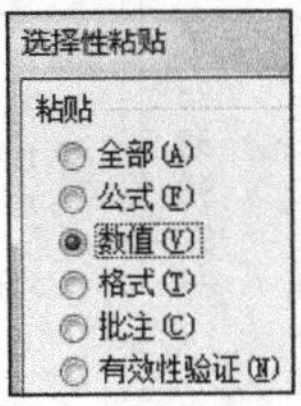

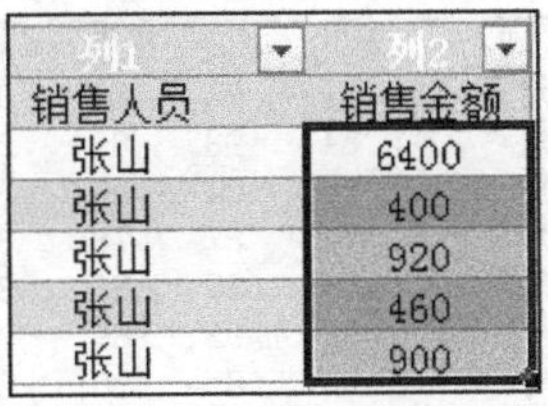

列1	列2
销售人员	销售金额
张山	6400
张山	400
张山	920
张山	460
张山	900

图 7.9 错误显示　　图 7.10 选择性粘贴选项　　图 7.11 选择性粘贴后的结果

（2）选择性粘贴——运算（除）。

在财务人员工作时，有时数据处理不并一定用“元”表示，若将单位用“万元”表示，操作如下：在空白单元格输入 10 000→选择该单元格进行复制→选择图 7.12 中 H3：H7 单元格区域→单击鼠标右键，选择“选择性粘贴”，在弹出的对话框中选“运算”下的“除”→单击确定，即可完成转换。如果要恢复则按此步骤进行，将“除”换成“乘”即可（原来“除“的逆运算）。

（3）选择性粘贴——转置。

如图 7.13 所示，将区域转为横向显示，月份转为列向显示，同时数据也进行相应的转换。操作如下。

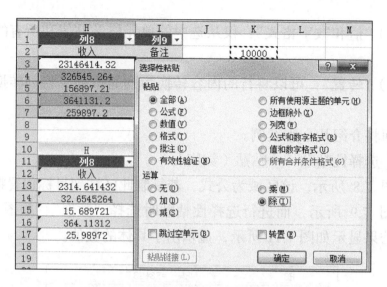

图 7.12 选择性粘贴——运算（除）

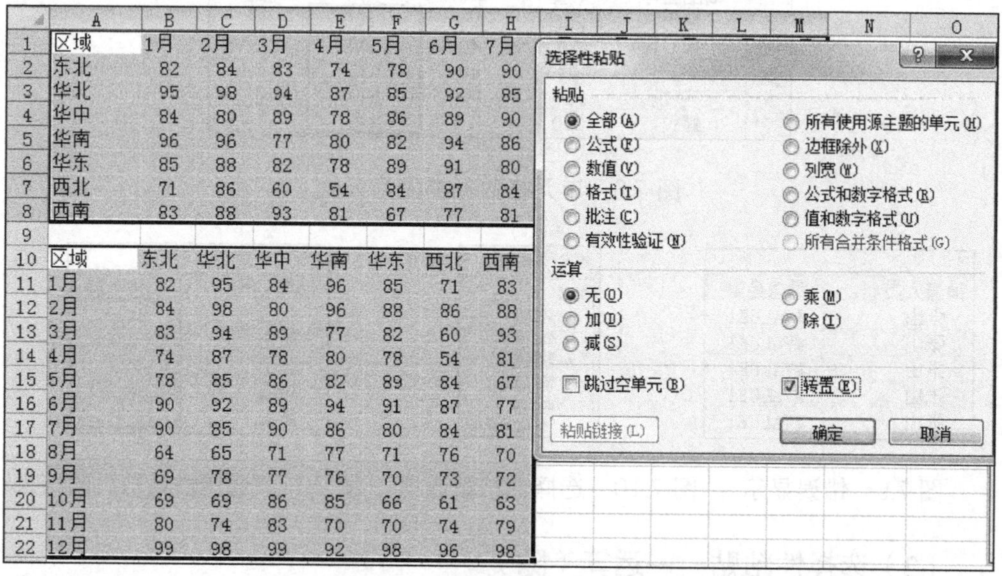

图 7.13 选择性粘贴——转置

选择 A1：M8 区域进行复制→选择目标位置区域，单击鼠标右键，选择"选择性粘贴"，在弹出的对话框中选择"转置"→单击"确定"即可完成操作。

2．合并单元格区域中的文本

选择要进行合并的单元格区域→打开剪贴板→双击目标单元格（选择目标单元格按 F2 键）→单击剪贴板上复制的内容，完成操作。如图 7.14 所示。

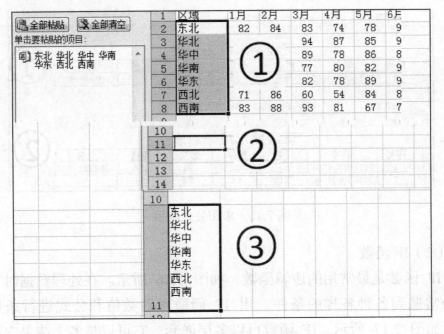

图 7.14　合并单元格区域中的文本

三、Excel 函数与公式

1．基本介绍

Excel 公式是以等号"="开头，通过使用运算符将数据、函数等元素按一定顺序连接在一起，从而实现对工作表中的数据执行计算的等式。公式被写在单元格中，它能自动完成所设定的计算，并在定义公式所在单元格返回计算的结果。公式的组成要素有"="、运算符和常量、单元格引用、函数等。

函数是一些预定义的公式，其通过使用一些被称为参数的特定数据来按照特定的顺序或结构执行计算。函数由函数名称、左括号、半角逗号分隔的参数、右括号组成，并且可以嵌套，即一个函数的结果可以作为另一个函数的参数。

2．常用公式实例

（1）求和公式

如图 7.15 所示，若对张三的各学科成绩进行求总分，则常用的方法可按图中的①或②操作，都是以"="开始，可以是最基本的逻辑表达式，也可以使用 SUM 求和函数进行操作（即对 D3：F3 区域的数值进行求和），其结果也相同。

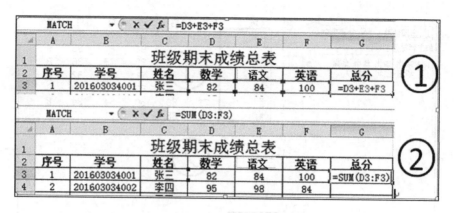

图 7.15　求和公式应用

（2）IF 函数

IF 函数是最常用的逻辑函数，如图 7.16 所示。在处理数据时，用户经常遇到各种各样的条件，用 IF 函数可对数值和公式进行条件检测，如图 7.17 所示。IF 函数可以多层嵌套，它可以从多个结果中选择一个，如图 7.18 所示。

图 7.16　IF 函数说明

	A	B	C	D	E	F
				E2	fx	=IF(D2>=60,"及格","不及格")
1	序号	学号	姓名	英语	是否及格	
2	1	201603034001	张三	100	及格	
3	2	201603034002	李四	84	及格	
4	3	201603034003	王五	53	不及格	
5	4	201603034004	刘六	62	及格	
6	5	201603034005	赵七	29	不及格	
7	6	201603034006	孙一	88	及格	

图 7.17　IF 函数单一条件应用

E2　fx　=IF(D2>=90,"优",IF(D2>=75,"良",IF(D2>=60,"可","差")))

	A	B	C	D	E	F
1	序号	学号	姓名	语文	等级（优良可差）	备注
2	1	201603034001	张三	84	良	
3	2	201603034002	李四	98	优	优：大于等于90分
4	3	201603034003	王五	35	差	良：小于90分且大于等于75分
5	4	201603034004	刘六	61	可	可：小于75分且大于等于60分
6	5	201603034005	赵七	75	良	差：小于60分
7	6	201603034006	孙一	86	良	

图 7.18　IF 函数多条件应用

3．统计函数

Excel 中常用的统计函数有 AVERAGE（平均值）、COUNT（计数）、MAX（最大值）和 MIN（最小值）等。这些函数的用法与 SUM 一致。此外较为常用的还有 RANK、COUNTIF 及 COUNTIFS 等。

（1）RANK 是一个计算排名的函数，如图 7.19 所示。在实际使用时，数据相同，其名次也相同，如图 7.20 所示，出现了并列第 3 名，没有第 4 名，后面是第 5 名。

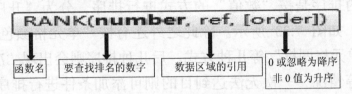

图 7.19　RANK 函数说明

	A	B	C	D	E	F	G	H
	H3				fx	=RANK(G3,G$3:G$8)		
1	班级期末成绩表							
2	序号	学号	姓名	数学	语文	英语	总分	名次
3	1	201603034001	张三	79	78	100	257	3
4	2	201603034002	李四	95	98	84	277	2
5	3	201603034003	王五	84	80	80	244	6
6	4	201603034004	刘六	96	96	89	281	1
7	5	201603034005	赵七	85	88	84	257	3
8	6	201603034006	孙一	71	86	88	245	5

图 7.20　RANK 函数应用

（2）COUNTIF 函数是条件计数，只有一个条件。图 7.21 所示为在 C5 单元的公式只需要一个条件 ">90" 即可。若在 C16 单元格中一个条件无法满足，则用多条件计数 COUNTIFS 函数，如图 7.22 所示。多条件计数可以是不同的条件区域及不同的条件。

	A	B	C	D	E
	C15			fx	=COUNTIF(C3:C14,">90")
1	班级期末成绩表				
2	序号	姓名	数学	语文	英语
3	1	张三	79	78	100
4	2	李四	95	98	84
5	3	王五	57	32	80
6	4	刘六	96	96	89
7	5	赵七	85	91	42
8	6	张甲	71	86	88
9	7	李乙	74	78	90
10	8	王丙	87	85	92
11	9	刘丁	78	46	53
12	10	赵戊	80	82	94
13	11	刘壬	78	89	91
14	12	赵癸	54	45	87
15	90分及以上人数		2	3	5
16	80-90分（不含90）人数				
17	60-80分（不含80）人数				

图 7.21　COUNTIF 函数应用

	A	B	C	D	E	F	G	H
	C16			fx	=COUNTIFS(C3:C14,">80",C3:C14,"<90")			
1	班级期末成绩表							
2	序号	姓名	数学	语文	英语			
3	1	张三	79	78	100			
4	2	李四	95	98	84			
5	3	王五	57	32	80			
6	4	刘六	96	96	89			
7	5	赵七	85	91	42			
8	6	张甲	71	86	88			
9	7	李乙	74	78	90			
10	8	王丙	87	85	92			
11	9	刘丁	78	46	53			
12	10	赵戊	80	82	94			
13	11	刘壬	78	89	91			
14	12	赵癸	54	45	87			
15	90分及以上人数		2	3	5			
16	80-90分（不含90）人数		3	4	5			
17	60-80分（不含80）人数		5	2	2			

图 7.22　COUNTIFS 函数应用

四、数据专项处理

在数据表中，用户经常需要对表格中大量的数据进行处理分析，发现异常数据进行追根溯源，以提炼出规律、趋势并进行总结和预测，而数据的排序、筛选与分类汇总、条件格式、数据分列等则是 Excel 数据处理的重要功能。

1．排序

一般的排序是按"数值"的方式进行排序，分为"升序"和"降序"两种，如图 7.23 所示。除此之外还有按"单元格颜色""字体颜色"和"单元格图标"等几种方式。后几种排序则会出现"次序"在顶端和底端等情况，一次无法达到目的则可添加条件进行排序。图 7.24 所示为增加多个条件后的排序。

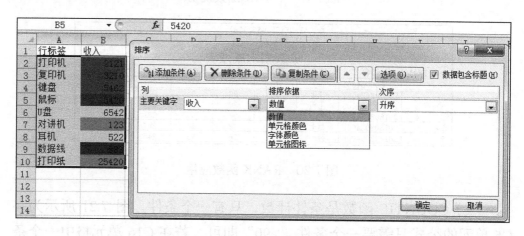

图 7.23　排序应用

图 7.24　排序应用——增加条件

实例：利用排序生成工资条。

员工姓名对应的序号以"1，3，5"输入，而在 A10：A16 输入"2，4，6"，如图 7.25 所示。再进行排序，按序号进行升序排序即完成工资条的形式，如图 7.26 所示。

序号	姓名	底薪	岗位津贴	提成	扣款	扣保险金	实发总额
1	张甲	3800	1000	706		304.00	5202.00
3	王乙	4500	1000	394.8	158	360.00	5376.80
5	李丙	4000	400	3766.2		320.00	7846.20
7	赵丁	4000	400	2228.6		320.00	6308.60
9	王庚	5000	1000	2553.14		400.00	8153.14
11	李辛	4500	1000	1360.3		360.00	6500.30
13	赵壬	4500	1000	3542.6	360	360.00	8322.60
15	刘癸	8000	1500	250		640.00	9110.00
2	姓名	底薪	岗位津贴	提成	扣款	扣保险金	实发总额
4	姓名	底薪	岗位津贴	提成	扣款	扣保险金	实发总额
6	姓名	底薪	岗位津贴	提成	扣款	扣保险金	实发总额
8	姓名	底薪	岗位津贴	提成	扣款	扣保险金	实发总额
10	姓名	底薪	岗位津贴	提成	扣款	扣保险金	实发总额
12	姓名	底薪	岗位津贴	提成	扣款	扣保险金	实发总额
14	姓名	底薪	岗位津贴	提成	扣款	扣保险金	实发总额

图 7.25　排序应用实例

序号	姓名	底薪	岗位津贴	提成	扣款	扣保险金	实发总额
1	张甲	3800	1000	706		304.00	5202.00
2	姓名	底薪	岗位津贴	提成	扣款	扣保险金	实发总额
3	王乙	4500	1000	394.8	158	360.00	5376.80
4	姓名	底薪	岗位津贴	提成	扣款	扣保险金	实发总额
5	李丙	4000	400	3766.2		320.00	7846.20
6	姓名	底薪	岗位津贴	提成	扣款	扣保险金	实发总额
7	赵丁	4000	400	2228.6		320.00	6308.60
8	姓名	底薪	岗位津贴	提成	扣款	扣保险金	实发总额
9	王庚	5000	1000	2553.14		400.00	8153.14
10	姓名	底薪	岗位津贴	提成	扣款	扣保险金	实发总额
11	李辛	4500	1000	1360.3		360.00	6500.30
12	姓名	底薪	岗位津贴	提成	扣款	扣保险金	实发总额
13	赵壬	4500	1000	3542.6	360	360.00	8322.60
14	姓名	底薪	岗位津贴	提成	扣款	扣保险金	实发总额
15	刘癸	8000	1500	250		640.00	9110.00

图 7.26　排序应用实例结果

2．筛选

在工作中，有时需要从数据繁多的工作簿中查找符合某一个或某几个条件的数据，这时可应用筛选功能，轻松地选出符合条件的数据。

（1）自动筛选。使用自动筛选功能能够快速地查找到表格中的最大值、高于平均值或低于平均值等条件数据。如图 7.27 所示，在任意位置选择"筛选"，在标题行上自动出现下拉按钮▼，单击下拉按钮即可进行相应的筛选。

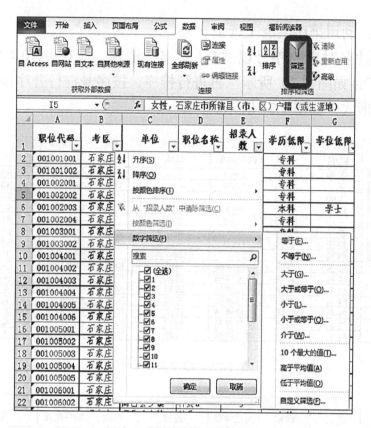

图 7.27　自动筛选

（2）自定义筛选。与数据排序有一定的类似，如果自动筛选方式不能满足需要，此时可自定义筛选条件，根据实际需要设定自定义筛选数据，如图 7.28 所示。

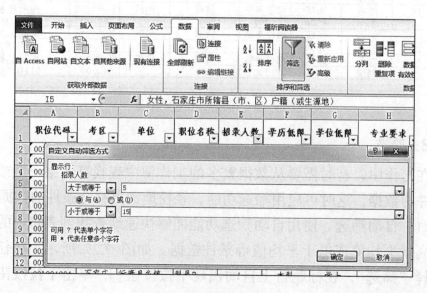

图 7.28　自定义筛选

3. 分类汇总

要创建分类汇总，首先要在工作簿中对数据进行排序，再在“分类汇总”对话框中进行设置就可以轻松完成操作。分类汇总能够以某一列字段作为分类项目，然后对表格里其他数据列中的数据进行汇总，如求和、求平均值、求最大值和最小值等。

图 7.29 所示的“班级成绩表”中按学生的“综合等级”情况进行分类，并按三个学科进行平均值汇总，其结果如图 7.30 所示。

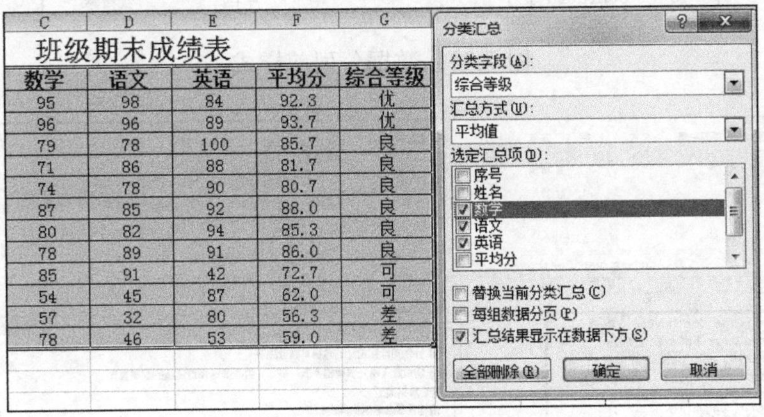

数学	语文	英语	平均分	综合等级
95	98	84	92.3	优
96	96	89	93.7	优
79	78	100	85.7	良
71	86	88	81.7	良
74	78	90	80.7	良
87	85	92	88.0	良
80	82	94	85.3	良
78	89	91	86.0	良
85	91	42	72.7	可
54	45	87	62.0	可
57	32	80	56.3	差
78	46	53	59.0	差

图 7.29　分类汇总操作过程

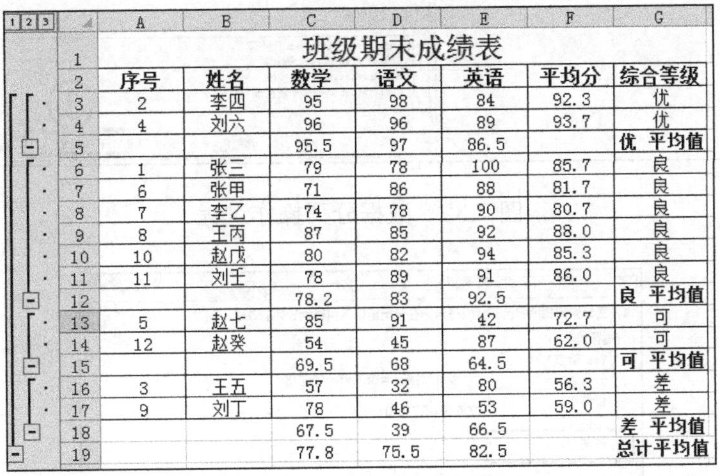

班级期末成绩表

	序号	姓名	数学	语文	英语	平均分	综合等级
3	2	李四	95	98	84	92.3	优
4	4	刘六	96	96	89	93.7	优
5			95.5	97	86.5		优 平均值
6	1	张三	79	78	100	85.7	良
7	6	张甲	71	86	88	81.7	良
8	7	李乙	74	78	90	80.7	良
9	8	王丙	87	85	92	88.0	良
10	10	赵戊	80	82	94	85.3	良
11	11	刘壬	78	89	91	86.0	良
12			78.2	83	92.5		良 平均值
13	5	赵七	85	91	42	72.7	可
14	12	赵癸	54	45	87	62.0	可
15			69.5	68	64.5		可 平均值
16	3	王五	57	32	80	56.3	差
17	9	刘丁	78	46	53	59.0	差
18			67.5	39	66.5		差 平均值
19			77.8	75.5	82.5		总计平均值

图 7.30　分类汇总结果

4. 数据分列

在很多情况下，数据虽然是以 Excel 格式输出的，但却无法使用。有时 Excel 中本身的数据也不是正确的 Excel 格式，从而无法进行数据处理。如图 7.31 所示，如何快速地将中文人名提取出来，可在 Excel 中应用分列功能。进行分列时可在分列项右侧插入新列，单击"分列"弹出对话框，如图 7.32 所示，下一步，在分隔符号中选"其他"，如图 7.33 所示，输入"-"，再单击"下一步"按钮，如图 7.34 所示，单击完成，如图 7.35 所示。

序号	姓　名	国籍	领域
1	Ludwig van Beethoven-贝多芬	德国	音乐家
2	Thomas Alva Edison-爱迪生	美国	发明家
3	B.C.Aristotle-亚里士多德	希腊	哲学家
4	Christopher Columbu-哥伦布	意大利	航海家
5	George Washingto-华盛顿	美国	总统
6	Confuciu-孔子	中国	教育家

图 7.31　数据分列前样式

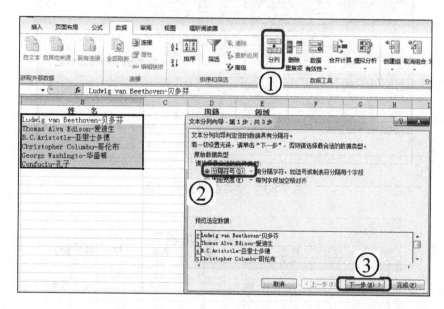

图 7.32　数据分列操作过程

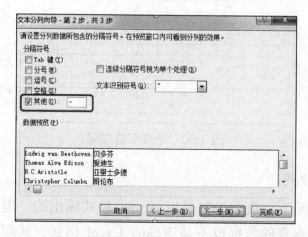

图 7.33　数据分列"分隔符"的选择

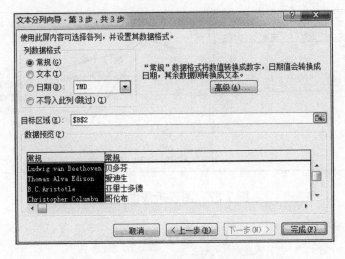

图 7.34 数据分列后的数据格式

序号	姓　　　名		国籍	领域
1	Ludwig van Beethoven	贝多芬	德国	音乐家
2	Thomas Alva Edison	爱迪生	美国	发明家
3	B.C.Aristotle	亚里士多德	希腊	哲学家
4	Christopher Columbu	哥伦布	意大利	航海家
5	George Washingto	华盛顿	美国	总统
6	Confuciu	孔子	中国	教育家

图 7.35　数据分列后的结果

五、创建图表进行可视化分析

图表是 Excel 中重要的数据分析工具，它运用直观的形式来表现工作表中抽象而枯燥的数据，具有良好的视觉效果，能更加清晰地反映出数据之间的关系和变化趋势，从而让数据更容易被理解。为了便于用户操作，Excel 2010 提供了柱形图（见图 7.36）、拆线图（见图 7.37）、饼形图等多种样式。根据工作表中的数值内容选择合适的图表样式，可以让单调的数值变得形象化。

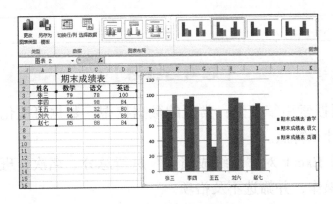

图 7.36　图表柱形图样式

準职业人导向训练教程（一）——基础能力认知与培养

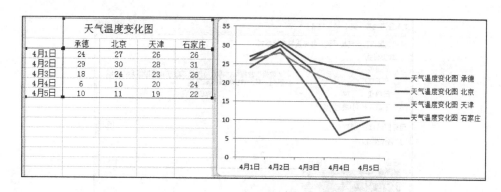

图 7.37　图表折线图样式

【本章小结】

1. 信息定义：泛指人类社会传播的一切内容，信息必须依附载体才能传播。

2. 信息搜集方法：调查法、实验法、观察法、网络检索法。

3. 网络信息检索：掌握关键词、布尔逻辑检索，学会使用通配符。

4. 信息的分类存储。

5. 信息存储：纸质存储、电子信息存储和胶片存储。

6. Excel 数据处理基本技巧：了解数据类型、选择性粘贴、合并区域文本。

7. Excel 数据处理专项技巧：排序、筛选、分类汇总、数据分列。

8. 创建图表进行可视化分析。

你可以在下面写下自己的学习和训练体会，帮助自己进一步提高。

_____

_____

_____

_____

【思考与练习】

1. 利用搜索引擎搜索：常用的数据挖掘、数据可视化工具软件有哪些，各有什么特点。

2. 利用 Excel 对"班级成绩表"进行总分、名次、班级不及格总人次的公式操作，并筛选不及格项。

第八章　翻转课堂——调研

本章重点

- √ 调研目标的确定
- √ 大数据思维下的调研方案设计
- √ 调研问卷的设计
- √ 调研报告的撰写

本章难点

- √ 调研方法的选择
- √ 调研问卷的设计
- √ 调研样本的设计
- √ 数据分析

　　调研是项目启动以及工作任务展开最为关键的一个环节，也是深入了解企业业务情况，发现各种企业问题和潜在风险的有效途径。唯有通过细致扎实的调研工作，才可能了解到企业业务的整体和细节，为企业提供切合实际、可执行的解决方案。大数据时代的到来，企业面临的市场环境和竞争环境的变化呈加速发展的趋势，消费者的需求呈现越来越明显的多样化和个性化。大数据作为一种思维、一种工具或一种方法，正在越来越深入地影响着人类社会。在大数据时代，我们还需要市场调研吗？当然。大数据时代将为市场调研带来新的研究对象和研究工具。

　　通过对本章内容的学习，可了解调研的目的，掌握在大数据背景下的调查和分析方法，并通过项目案例掌握调研流程，撰写出完整的调研报告。

第一节　大数据时代背景下的调研

调研是调查研究的简称，指通过各种调查方式，如现场访问、电话调查、拦截访问、网上调查、邮寄问卷等形式获取受访者的态度和意见，进行统计分析，研究事物的总体特征。调研具有针对性和指导性等特点，它是企业了解市场变化趋势和发现市场机会的有力工具。如苹果、Google 等企业可以通过预测市场和顾客的变化，提供满足这些需求的产品和服务，在市场竞争中处于领先地位。随着信息时代对大数据的挖掘和应用，企业对调查研究的内容和方法有了更高的要求。

一、调研概述

1．什么是调研

调研，是指应用科学方法，对特定的社会现象进行实地考察，系统、有计划、有组织地搜集、记录、整理、分析有关信息资料，了解其发生的各种原因和相关联系，从而提出解决社会问题对策的一种方式，是人们深入现场进行考察，以探求客观事物的真相、性质和发展规律的活动。通过调研可以获得系统客观的研究数据，能为决策提供一定的依据，它是人们认识社会、改造社会的一种科学方法。

2．调研的作用

几乎所有的企业在面对一个新事物时，都需要提前进行调研，即使是在原有的方案上进行优化处理和提高改善，所以在调研的最后一个环节需要输出一份综合性的调查结果，这就是调研报告。调研报告就是汇总了所有的调查信息和数据，并使用了一些专业的处理工具进行处理分析、对比，最后形成的结论性资料。如要新开一条高速公路，需要调研地形地貌地质、经过的村庄田地、需要穿过的大山、预计的成本、预计的工程时间以及竣工后能够为哪些地方带来便利等，这些信息都是调研的时候需要收集的，最终形成结论体现在调研报告中。

工程项目需要调研，企业开发新产品也需要调研，甚至当你找工作的时候也需要进行调研，所以无论从事什么活动，调研是非常重要的一个环节，它的重要性体现在以下几个方面。

（1）能收集并陈述事实。市场竞争的发展日益激烈化，过去的经验只能减少犯错误的机会，现在更需要实时的信息更新来保证宣传推广的到位。那么，在高速变化的环境下，调研的过程可以使用户更清晰地了解市场可能的变化趋势，获得市场信息的反馈，而调研的数据结果就有助于决策者识别最有潜力的方向。

（2）为正确的决策提供依据。在针对某些问题做决策时，通过了解、搜集、整理现有信息，帮助决策者了解当前的状况，可以提升决策的正确性，避免盲目的和脱离实际的决策产生。

（3）预测变化。当今世界，科技发展迅速，新发明、新创造、新技术和新产品层出不穷。这种技术的进步自然会在市场形态上反映出来。通过调研所获得的资料，除了有助于我们及时地了解实时动态以外，还可以对将来的变化趋势进行预测，在更好地学习和吸收现有先进经验和最新技术的同时，提前对变化趋势作出计划和安排，以适应瞬息万变的世界。

二、大数据时代背景下的调研

传统的市场研究包括定性研究及定量研究，然而，大数据时代的到来，给调研带来了革命性变化，超大样本量的统计分析使得研究成果更接近市场的真实状态，也使得调研更加高效、快捷地服务于各个行业。

1．数据的获得途径更多样、更快捷

调研所得的数据，是从二手资料和实地调查中获得。而大数据时代对万事万物的数据化，令我们可以通过网络爬虫工具、日志采集工具和各类物理设备（如行车记录仪，分布在机械设备制造、家用电器、科学仪器仪表、医疗卫生、通信电子设备、汽车等上的各类传感器）等直接采集数据，获得数据的途径更多样、更快捷。

2．数据的体量覆更全面

调研是通过统计学的抽样方法，抓住主要的群体，过滤次要的、小规模的群体，获得样本数据，要求用尽量少的数据来证实尽可能重大的问题。而大数据时代应用的是所有的数据，而不再仅仅依靠一小部分数据，也就是"样本=总体"。因此可以以调查目标为中心，获得与调查目标相关的更多样、更大量、更全面的信息。

3．调研的程序更简洁

调研是在获得数据之前，首先形成假设，在此基础之上收集信息，再进行假设性地验证。也就是说调查中得出的是事先设计好的问题的结

果，如果要获取你突然意识到的问题，则需要推倒重来。而在大数据时代，我们可以通过获得与调查对象相关的信息进行分析和预测，得出相关关系"是什么"，进而向更深层次研究因果关系"为什么"。这个过程，不易受偏见的影响，在某种程度上可以优化调研的程序。

4．数据的价值利用更充分

目前，数据总量已经十分巨大，我们真正缺少的不是数据，而是从数据中提取价值的能力。以往的调研认为，一旦数据被使用，我们便以为数据的价值已经充分地发挥其作用，就可以将其删除。而大数据思维下对数据的认识则不相同，我们并不只是收集到一个暂时性的数据，还需要随着收集数据的越来越多，使预测结果越来越准确。通过对数据的再利用、重组、扩展，依旧可以挖掘出数据的潜在价值。即使用于基本用途的价值会减少，它的潜在价值却依然强大，并且同样的数据也不仅限于特定的用途。

5．调研结果更具指导意义

调研可以获得与调查目标有因果关系的数据资料，通过调查目标的行为等，分析现象背后的原因。而大数据获得的相关数据，可以更直接、快速地指导商家进行产品陈列、新产品研发等。我们可以得出结论，在不同的项目中，追求精确的样本分析和追求高效、全面的数据分析和结果将发挥不同的作用，为我们解决面临的问题、做出正确地决策提供更多的途径和选择。

与此同时，大数据时代的新方法、新手段也带来了新的问题，一是如何智能化检索及分析文本、图形、视频等非量化数据，二是如何防止过度采集信息，充分保护个人隐私。虽然目前仍然有一定的技术障碍，但不可否认的是大数据市场研究依然有着无限广阔的应用前景。随着大数据技术成为日常生活的一部分，我们应该开始从比以前更大和更全面的角度理解事物，也就是将"样本=总体"的理念植入我们的思维中。

第二节　调研的程序设计

市场调研是一个复杂的系统工程，建立一套系统科学的调研工作程序，是市场调研得以顺利进行，提高工作效率和质量的重要保证。

任何一个环节的偏差都有可能成为影响调查质量的因素，所以要设置和处理好在调研过程中出现的方方面面的问题，使工作有序开展。调研步骤如下。

（1）明确调查目标

（2）确定调查项目

（3）明确调研目标群体

（4）拟定工作进度

（5）确定调研方法

（6）调查问卷设计

（7）样本设计

（8）组织安排和费用预算

（9）确定资料的整理和分析方法

（10）撰写调研报告

简而言之，调研流程可以分为三个阶段。

第一阶段：前期准备。明确调查目标、确定调查项目、明确调查对象群体。

第二阶段：调研过程。拟定工作进度、确定调研方法、调查问卷设计、样本设计等。

第三阶段：整理汇总。组织安排和费用预算、调查资料的整理分析。

最后：完成调研报告的撰写（详见本章第三节）。

一、第一阶段：前期准备

调研其实是为了能够让我们了解到更多的信息，从而根据这些信息，分析出对我们有用的信息，然后再进行相关的决策，所以在前期准备阶段我们需要明确调查的目标、确定调查项目以及确定调研的目标群体。

1. 明确调查目标（以"大数据专业人才的就业形势调查"为例）

方案设计的第一步是在背景分析的前提下确定市场调查的目标，这是调查过程中最关键的一步。需求不同，调研的目标就会有所不同。因此，在调研开始之前要弄清楚以下三个问题。

（1）为什么要做这项调查？即搞清调查的意义是什么。

（2）想通过调查获得什么信息？即明确调查的内容。

（3）利用获得的信息能做些什么？即通过调查获得的信息能否解决我们所面临的问题。

俗话说"对一个问题做出恰当定义等于解决了问题的一半"，可见明确调查目标的重要性。在实践中，有时我们提出的目标会存在偏差，这就需要做好前期的定性调查工作，如调查者收集相关二手资料，对采集部分数据进行分析，拜访专家，进行小组讨论等，对目标进一步进行验证。

如我们来检验一下"大数据专业人才的就业形势调查"的目标是否明确：（为什么）由于当前大数据、人工智能、云计算机器学习、机器学习等成为了非常热门的话题，为了让大众对大数据有更全面、更深入地认识；（想获得哪些信息）对大数据的发展趋势、应用范围、大数据技术、大数据从业者的技能水平，以及对专业人才的需求情况有一个全面的认识；（有什么作用）用以指导大数据专业大学生的学习和就业。于是把调查的目标确定为：大数据专业人才的就业形势调查。

2．明确调查的项目

在调查目标提出的基础上，接下来就要明确调查的项目。在确定调查项目时，要注意以下三个问题。

（1）所确定的调查项目应围绕调查目标进行，为实现调查目标服务。否则，多余的调查项目将是对人力、财力的消耗。

（2）调查项目的表达应该清楚，才能确保获得准确的调查信息。

（3）调查项目之间一般是相互关联的。所以，在调查项目中，会先提到一些假设或问题，并希望在今后的调查中得到进一步地验证。

如"大数据专业人才的就业形势调查"应该包含了以下几个方面的调查项目。

① 目前大数据专业人才的需求和供给量是多少？

② 大数据专业人才集中的需求企业有哪些？这些企业集聚在哪些城市？什么行业？

③ 需求企业对大数据专业人才的要求有哪些？（学历要求、专业技能要求等）。

3．明确调研目标群体

明确调研目标群体，即是解决向谁调查的问题。对于调查对象群体的选择，我们常常会从个人背景部分来甄别。比如，市场调查的对象一般为消费者、零售商、批发商，消费者一般为使用该产品的消费群体；又如，对婴儿食品的调查，其调查对象应为孩子的母亲；对于化妆品，调查对象主要选择女性；对于酒类产品，其调查对象主要为男性等。

那么针对"大数据专业人才的就业形势调查"项目的调研对象，应该包含互联网公司、硬件公司、数据服务、金融、O2O 等掌握大数据或拥有大数据技术的企业中的技术人才、人力资源、中高管等，各大人才市场、招聘网站的相关人员等。

二、第二阶段：调研过程

在完成了第一阶段的准备工作后，进入第二阶段的工作部署，这个阶段包括拟定工作进度、确定调研的方法、调查问卷的设计和及样本设计。

1．拟定工作进度

为了确保调研有序、可控的开展，我们需要对调研进行合理的组织安排，并提前做好费用预算。一个合理的方案，能提高调研项目的市场竞争力。

（1）工作进程安排

有计划地安排调研工作的各项日程，可以规范和保证调研工作的顺利实施。按调研的实施程序，可分七个小项来对时间进行具体安排，如"大数据专业人才的就业形势调查"调研的实施安排（时间分配根据实际情况而定）如表 8.1 所示。

表 8.1 调研日程安排表

序号	工作名称	工作内容	完成时间	负责人	人员配备
1	调研方案设计	整体规划调研工作，明确调研背景和目的，确定调查项目和调查对象，拟定各项日程	4.1～4.10		
2	问卷设计和样本设计	完成问卷设计、预调查、修改和确认，确定调查样本	4.10～4.16		
3	实施准备	资料印刷、人员培训等	4.17～4.18		
4	实施调研	发放问卷，回收问卷	4.19～4.28		

序号	工作名称	工作内容	完成时间	负责人	人员配备
5	数据整理	提取有效问卷，统计数据信息	4.29～5.3		
6	数据分析	结合调研目的，使用 SPSS 等数据分析软件进行相关回归分析等	5.4～5.9		
7	撰写调研报告	将市场调研结果以文字、图表等形式表达出来	5.10～5.15		

（2）费用预算

市场调查的费用预算主要有：方案策划费、抽样设计费、问卷设计印刷费、访问员培训费、访问员劳务费、交通费、被调查者礼品费、统计处理费用、报告撰写制作费等。在做预算时，要将可能需要的费用尽可能考虑全面，不合实际的预算将不利于调研方案的审批和竞争。

2．确定调研方法

大数据时代，智能化的信息处理技术使低成本、大样本的定量调研成为现实。与此同时，调研方法选择恰当与否，对调查结果有极大的影响。在市场调查中，常用的调查方法有文案调查法、访问法、观察法和实验法等。一般来说，访问法适宜于描述性研究，观察法和实验法适宜于探测性研究。这几种调查方法各有其优缺点，适用于不同的调查场合，要根据调查任务和需要解决的问题，选择合适的调查方法。比如针对"大数据专业人才的就业形势调查"选取调查方法，可以用文案调查法或网络爬虫工具等获得人才市场、招聘网站的人才供求信息，调研企业高管以深度访谈为主，调研大数据专业人才、人力资源则以入户访谈为主。

3．调查问卷设计

调研的结论来自于对真实数据资料的科学分析，因此在数据的收集过程中，问卷起着核心作用，是影响数据质量的主要因素，也是整个调查过程的难点之一。

问卷是指为了搜集人们对某个特定问题的态度、价值观、观点或信念等信息而设计的一系列问题、备选答案及说明等。

（1）问卷设计的原则

① 目标性。问题必须与调查主题密切相关，重点突出，避免可有可无的问题。

② 简明性。内容简明，时间简短，格式简洁易懂易读，篇幅适当（回答问卷的时间控制在 20 分钟左右）。

③ 匹配性。答案便于分类及解释调研目的；答案便于检查处理；答案便于数据处理和分析。

④ 可接受性。问卷说明问要亲切、温和；提问部分要自然，有礼貌和有趣味，可采用一些物质鼓励；强调保密性。

⑤ 逻辑性。独立的问题本身不能出现逻辑上的谬误，问题的整体设置也应条理清晰，结构严谨，要有整体感。

（2）问卷的基本结构

① 开头部分

问卷的开头部分包含两个内容，问候语和填写说明。

a. 问候语

问候语也被称为问卷说明，其作用是引起被调查者的兴趣和重视，消除被调查者的顾虑，激发调查对象的参与意识，争取他们的积极合作。问候语一般包括：称呼、问候、调查机构或人员介绍、调查目的、调查对象作答的意义和重要性、调查所需时间、保密承诺及感谢语等。本章案例的问候语如下所示。

女士/小姐/先生：

您好！

我是××大学的访问员，我们正在进行一项关于大数据专业人才的就业形势调查，目的是让大众对大数据更加了解，对大数据的发展趋势和应用范围、大数据技术、大数据从业者的技能水平以及对专业人才的需求情况有一个全面的认识。您的回答无所谓对错，只要是您真实的情况和看法即可。我们对您的回答将完全保密。可能要耽误您 15 分钟左右的时间，谢谢您的配合。

---

b. 填写说明

在自填式的问卷中要有详细的填写说明，指导被调查者填答问题。本章案例的填写说明如下所示。

> 请在您认为符合情况的项目的"□"内打"√"。
> 请在适合您自身情况的答案序号上划圈，或在"＿＿"处填上适当的内容。
> "……"（可选多个答案）。

② 甄别部分

甄别部分也称问题的过滤部分。通过甄别，一方面可以筛选掉与调查事项有直接关系的人，以达到避嫌的目的，例如，过去三个月内接受过相似调查的，本人及家庭成员在相关的公司工作的，一般不属于调查对象；另一方面，筛选出与调查对象标准不相符合的人员。例如：

> 请问您近期是否接受过相似主题的访问？
> ①是——终止　　　②否——继续

③ 主体部分

主体部分是问卷的核心，包括所要调查的全部问题，主要由问题和答案组成。

> 1. 您所在的企业目前拥有的大数据专业人才是多少？
>   A. 0～20 人　　　　　　　　B. 21～50 人
>   C. 51～100 人　　　　　　　D. 100 人以上
> 2. 您所在的企业招聘应届大数据开发工程师的学历要求是？
>   A. 大专　　　　　　　　　　B. 本科
>   C. 研究生　　　　　　　　　D. 其他＿＿＿＿（请填写）
> 3. 大数据如何影响员工的招聘？（可多选）
>   A. 人员招聘更精准　　　　　B. 招聘成本下降
>   C. 双方信息更透明　　　　　D. 招聘渠道更多元
>   E. 其他＿＿＿＿（请填写）

④ 背景调查部分

背景调查部分通常放在问卷的最后，背景资料说明了调查对象的基本特征，可作为对调查者进行分类比较的依据。一般包括性别、年龄、婚姻状况、家庭人数、家庭/个人收入、职业、教育程度等信息。

（3）问卷设计的程序

问卷设计包括一系列逻辑步骤，它们分别是：确定问卷的题目类型、设计问题及答案、确定问题的顺序、问卷的预调查和修改。

① 确定问卷的题目类型

在设计问卷时，我们应该根据需要收集的信息的不同，选择恰当的题目类型。问卷中的题目类型具体可以分为：开放式问题、封闭式问题和混合型问题。

a. 开放式问题

开放式问题要求被调查者根据问题要求，用文字形式自由表述。这类题型较适合于收集建议或对新生事物的探索性调查（新生事物潜在的答案较多较复杂）。

开放式提问示例如下所示。

对在校大数据专业的大学生，您有哪些建议？

_____

b. 封闭式问题

封闭式问题就是给定备选答案，要求被调查者从中做出选择，或者给定"事实性"空格，要求如实填写。封闭式问题又分为两项选择题和多项选择题。

Ⅰ. 两项选择题，又称是非题。一般只设两个选项，如"是"与"否"，"有"与"没有"等。这两种答案要求是对立的、排斥的，被调查者的回答非此即彼，不能有更多的选择。两项选择示例如下所示。

如果有学习大数据相关技能的机会，您愿意吗？
A. 愿意   B. 不愿意

Ⅱ. 多项选择题

多项选择题是要求被调查者从多个备选答案中择一或择几。因此又可以分为单项选择题、多项选择题和限制选择题。由于所设答案不一定能表达出填表人所有的看法，所以在问题的最后通常可设"其他"项目，以便使被调查者表达自己的看法。要避免遗漏与重复，同时答案个数不能超过 8 个。

多项选择示例如下所示。

您所知道的大数据应用有哪些？（可多选）
□精准营销   □健康管理

□投资风控	□犯罪预测
□路径规划	□内容推荐
□其他_____	

c. 混合型问题

混合型问题又可以分为：填入式问题、顺位式问题、态度评比测量题、矩阵式问题、比较式问题、过渡式问题等。以下对各类型进行具体介绍。

Ⅰ．填入式问题。填入式问题一般针对只有唯一答案（对不同人有不同答案）的问题（对于答案不固定的问题，只能设计成开放式问题）。

填入式问题示例如下所示。

> 你目前所学专业是_____
> 你期望从事的行业是_____

Ⅱ．顺位式问题。顺位式问题一种是对全部答案排序，另一种是只对其中的某些答案排序。此类问题设计不宜过多，过多则容易分散，很难排序，同时所询问的排列顺序也可能对被调查者产生某种暗示影响。

顺位式问题示例如下所示。

> 您将下列应届毕业生应该具备的职业素质，按优先顺序 1、2、3、……填写在□中。
> □执行力　　□学习能力　　□沟通能力　　□协作能力
> □责任感　　□主动性　　　□适应力　　　□问题处理能力

Ⅲ．态度评比测量题。态度评比测量题是将态度分为多个层次进行测量，其目的在于尽可能多地了解和分析被调查者群体客观存在的态度。

态度评比测量问题设计示例如下所示。

> 您对个人信息共享的态度是？
> □绝对不能接受　　□可以接受部分信息共享　　□完全可以接受

Ⅳ．矩阵式问题。矩阵式问题是将若干同类问题及几组答案集中在一起排列成一个矩阵，由被调查者按照题目要求选择答案。其优点是：同类问题集中排列，回答方式相同，可节省问卷篇幅，也节省阅读和填写时间。其缺点是：这种集中排列方式较复杂，容易使被调查者产生厌烦情绪。

矩阵式问题设计示例如下所示。

	精通	掌握	了解
您所从事的岗位应该具备哪些大数据专业技能，并描述应掌握的程度。			
Hadoop、Spark 等大数据处理技术	☐	☐	☐
Python、Java 等编程语言	☐	☐	☐
Linux 操作系统	☐	☐	☐
Oracle、MongoDB 等各类数据库	☐	☐	☐
Numpy、Matplotlib 等机器学习库	☐	☐	☐
TensorFlow、Torth 等深度学习框架	☐	☐	☐
其他＿＿＿＿＿＿	☐	☐	☐

Ⅴ．比较式问题。比较式问题适用于对质量和效用等问题作出评价。要考虑被调查者对所对比的项目是否相当熟悉，否则将会导致空白项的产生。

比较式问题设计示例如下。

以下大数据人才招聘的渠道，您更喜欢哪一个？（两者之间选择一项打√）
☐智联　　☐前程无忧　　☐校园招聘　　☐人才市场
☐58 同城　☐赶集网　　　☐学校推荐　　☐熟人介绍

Ⅵ．过渡式问题。有些问题只适用于样本中的一部分对象，而某个被调查者是否需要回答这一问题常常依据他对前面某个问题的回答结果而定。

过渡式问题设计示例如下。

Q1 "您是否收到类似申办信用卡等个人信息被泄露的短信？"
1．是　　　　　　　　2．否（跳到 Q3 题）
Q2 "收到上题所述的短信，您的做法是＿＿＿＿。"

题目的类型选择，需要根据调研的目标和需要收集的信息来确定。开放式的问题应是封闭式问题和混合型问题的有效补充，因此问卷中应注意各类题型相结合。同时应该注意：开放式的问题作答和统计都相对耗时，不宜占有过高的比例。

② 设计问卷题目及答案的基本要求

完成题目类型的选择，接下来是设计问题及答案。设计时应当注意以下 6 个方面。

Ⅰ．清楚定义所讨论的问题。问题及答案的用词应该清楚、简单、通俗易懂。因此，应该尽量避免使用专业性词汇（如频率）和"一般""经常""普遍""目前"等副词。

Ⅱ．避免引导性问题。问卷中的问题应该避免倾向性和引导性，应保持中立的态度，词语中不应有暗示或引导被调查者作答。

Ⅲ．应考虑被调查者回答问题的能力和意愿。我们应该避免要求被调查者回答其并不了解的、时间太久远的或需要过多计算的问题；有些敏感性的问题，有威胁的问题或有损自我形象问题，提问方式要避免太过直接，可以用第三人称的方式或先说明事实的方式提问。

Ⅳ．避免一题多问。即一个题目应该只包括一个问题，否则被调查者不知道应该回答哪一个问题。因此对于问题中出现"和""与""及"等字眼出现时应当仔细检查题目中是否包含多个问题。

Ⅴ．确保答案的穷尽性、互斥性以及与问题的一致性。问题的答案，应当善用"其他"来弥补答案可能存在不全面的情况。答案应该与所提的问题协调一致。

Ⅵ．注意分档式答案的等距和衔接。定距、定比问题的答案设计，划分的档次不要太多，每一档的范围不宜太宽，要尽量使档次之间的间距相等，便于整理和分析；各档次的数字之间应正好衔接，无重叠、间断现象。

③ 确定问题的顺序

问卷中问题的排列顺序及相互间的联系，有可能影响被调查者的情绪，同样的问题，安排得合理、恰当会有利于提问者有效地获得资料。所以在设计问卷时应站在被调查者的角度，顺应被调查者的思维习惯编排问题。题目编排的一般原则有以下几点。

Ⅰ．遵循逻辑性。问题应与调查的目的直接相关，且问题的排列应有一定的逻辑顺序，符合应答者的思维程序。如同一主题的问题应该按照逻辑先后顺序进行编排，不宜次序颠倒。

Ⅱ．先易后难。容易作答的题目能够提高被调查者的积极性，因此问卷的前几道题不宜过难，以免被调查者失去参与调查的兴趣。对公开事实或状态的描述较容易，可放在前面；对问题的看法或态度需要动脑筋思考，应放在靠后的位置。

Ⅲ．敏感问题、开放式文图和背景部分的问题置于问卷最后。问及收入、婚姻状况、态度评价等敏感性问题和个人真实信息时，被调查者容易产生抗拒心理，置于问卷最后，能确保被调查者尽可能地完成作答，或者至少收集到前面一部分有价值的信息。

（4）问卷的预调查和修改

将编排好的问卷进行小规模的调查，目的是及时发现问卷中存在的问题（如错误解释、不连贯、答案不完备等），并进行修改，避免实施调研时不必要的返工，浪费人力、物力、财力。基本方法如下。

① 预调查对象、调查方法要与实施方案保持一致。预调查的对象一般是比较容易找到的、符合基本特征的受调查者（15～30 人），不一定与调研对象特征完全相符，但预调查的方法要与实际调查方法一致。

② 关注有疑问、无答案和答案雷同的问题。一般来说如果有两人以上对同一题目提出疑问，那么就应对该题目进行修改或删除。对于大量未回答的题目，应通过访问了解原因，进行恰当的修改。同一道题大多数作答者都选择同一答案时，要检查该答案设计是否相互包含等。

③ 反复预调研和修改。一次预调查通常是不够的，问卷进行重大修改之后，需要挑选不同的对象再进行一次预调查，直到不再需要对问卷进行修改为止。

4．样本设计

样本设计是通过科学的方法从调查的总体中抽取样本的过程。抽取的样本是否具有代表性就成了抽样调查是否准确、可靠的重要衡量标准。完成样本设计需要清楚三个问题：抽样调查的基本概念、抽样方法的基本类型和样本量的计算方法。

（1）抽样调查的基本概念

在进行样本设计时，首先要弄清楚总体、样本、抽样和样本框的概念。

① 总体：是按照内容、范围和时间三重标准定义的全部调查对象的集合。

② 样本：是总体的一部分，指从总体中抽选出所要直接研究的所有个体的集合。

③ 抽样：是根据一定的规则和程序，从研究总体中抽取其中一部分样本的过程。

④ 抽样框：是对可以选择作为样本的总体单位列出名册或排序编号，以确定总体的抽样范围和结构，这份目标总体的资料就叫抽样框。例如，要从 1 000 名大数据岗位工作者中抽出 200 名组成一个样本，则这 1 000 名大数据岗位工作者的名册就是抽样框。

常见的抽样框有：大学学生花名册、城市黄页里的电话列表、工商企业名录、街道派出所里居民户籍册……在没有现成名单情况下，可由调查人员自己编制。应该注意的是，在利用现有的名单作为抽样框时，要先对该名录进行检查，避免有重复、遗漏的情况发生，好的抽样框应做到完整而不重复。

（2）抽样方法的基本类型

随着抽样理论研究的不断深化和抽样实践的发展，多种抽样方式被创造出来并运用于调查中，抽样的方法可以分为：概率抽样和非概率抽样，分类如图 8.1 所示。以下对各类抽样方法进行具体介绍。

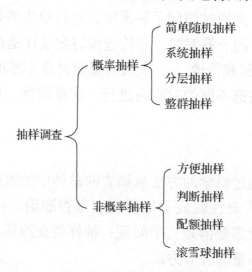

图 8.1　抽样方法的分类

① 概率抽样

概率抽样是指在调查总体样本中的每个单位被抽中的可能性事先已知且相等的一种抽样方式。这类抽样方法能计算和控制抽样误差，也可在一定程度上说明总体的性质，特征。现实生活中绝大多数抽样调查都采用概率抽样方法来抽取样本。它主要分为简单随机抽样、系统抽样、分层抽样和整群抽样四类。

a. 简单随机抽样

简单随机抽样是指从总体单位中不加任何分组，完全按随机原则抽取调查单位进行调查。它是最基本的概率抽样方法，该抽样方法保证每一抽样单位都有相同的非零抽中概率。如果总体单位数量少、易编号，可采用此方法。例如，编号后进行抽签、摇号等。

b. 系统抽样

系统抽样也叫等距抽样，是指将总体进行编号排序后，按照固定的间隔 k （k=总体数/样本数）来抽取调查个体。等距抽样比简单随机抽样简单、易行、经济，使被选择的调查者在总体中能均匀分布，提高样本的代表性。例如，对顾客进行抽样，若 k=10，则通过简单随机抽样选取第 1 位顾客之后，每路过 10 个顾客选取一个作为下一个被访问者。

c. 分层抽样

分层抽样是指先对总体的所有个体按被研究的某种特征或标志进行分组，然后从分组中按随机原则抽取一定的个体构成样本。分层的原则是：各个层内的个体差异要小，尽可能同质；不同层的个体差异要大，尽可能异质。分层抽样充分利用了总体的已有信息，是一种实用的抽样方法。例如，对北上广深四地的市民进行抽样，分层抽样可以按照经济收入高、中、低进行分层。

d. 整群抽样

整群抽样是将总体按照一定的标准划分为不同的群组，然后随机抽取一定数量的群组作为样本。整群抽样和分层抽样在形式上有相似之处，但实际上的差别很大。分层抽样的各个层级之间的差异大，层内的个体之间差异小；而整群抽样则要求群与群之间的差异比较小，而群内个体的差异大。例如，同样是对北上广深四地的市民进行抽样，整群抽样可能按照所在地区进行分群。

② 非概率抽样

非概率抽样是指调查者根据自己的方便或主观判断抽取样本的方法。这类方法简单易行、成本低、省时间，在统计上也比概率抽样简单。但由于它无法排除抽样者的主观性和被调查者的代表性，因此无法确定抽样误差。非概率抽样多用于探索性研究和预备性研究，以及总体边界不清而难于实施概率抽样的研究。它主要分为方便抽样、判断抽样、配额抽样和滚雪球抽样四类。

a. 方便抽样

方便抽样又称任意抽样，是指样本的选定完全根据调查人员的方便而决定，这种抽样获得的信息有很大的偶然性，结果可信度低，一般多用于探索性调查，如新产品的初步测试。街头拦截法就是典型的方便抽样。

b. 判断抽样

判断抽样是指根据主观分析，来选择和确定调查对象的方法。这种抽样方法所得到的样本对总体的代表性，完全取决于研究者对总体的了解程度、分析和判断能力，因此也容易出现因主观判断有误而导致的偏差。例如，对福建省旅游市场状况进行调查，那么选择厦门、武夷山等景区的游客作为调查对象，就是判断抽样。

c. 配额抽样

配额抽样也称定额抽样，是指调查人员将调查总体样本按一定标志分类或分层，确定各类（层）单位的样本数额，在配额内任意抽选样本的抽样方式。大体来说，当调研看重代表性的时候，就应该用配额抽样。例如，假设需要抽取某高校 2 000 名学生中的 100 人做为样本，其中男生占 60%，女生占 40%；文科学生和理科学生各占 50%；一年级至四年级学生分别占 40%、30%、20% 和 10%。配额数量如表 8.2 所示。

表8.2　配额抽样示例

	男生（60）		女生（40）	
	文科（30）	理科（30）	文科（20）	理科（20）
年级	一 二 三 四	一 二 三 四	一 二 三 四	一 二 三 四
人数	12 9 6 3	12 9 6 3	8 6 4 2	8 6 4 2

d. 滚雪球抽样

滚雪球抽样，是指先取得少量符合要求的样本，再请他们提供另外一些属于所研究目标总体的调查对象。这一过程可以通过一轮一轮的推荐进行，因而形成了一个"滚雪球效应"。这类调查方法主要用于调查十分稀有的人物特征，可以增加和调查群体接触的可能性，且经费相对较低，可行性较强。例如，同性恋者、无家可归者及非法移民等。

（3）样本量的计算方法

样本量的确定有两种计算方法和一个修正方法，它们分别是：估计总体平均数的样本量的确定、估计总体比例 P 的样本量的确定，以及对有限总体的样本量修正。

①估计总体平均数的样本量的确定

估计总体平均数的样本量计算方法为：$n = \dfrac{Z^2 \sigma^2}{E^2}$

在上式中：Z 为标准误差的置信水平。为了提高调查结果的准确程度，我们通常假定调研中内部控制的完备状况和运用状况并完全不充分，因而选择 95%～99% 的置信度。置信度与置信水平的对应关系如表8.3 所示。

表8.3　置信度与置信水平的对应关系

置信度	0.382 9	0.682 7	0.866 4	0.90	0.95	0.954 5	0.997 3
置信水平	0.5	1	1.5	1.65	1.96	2	3

σ 为总体标准差，可以根据小规模试点调查，估计总体标准差。

E 为可接受的抽样误差范围（极限误差），是由调查人员或需求方在调查前确定的数值。

n 为满足精确度和置信水平的最小样本容量。

例如，调查应届大数据开发工程师的薪酬水平，要求最大误差不超过 500 元，置信度为 95%，标准差为 3 000 元，样本数应该是多少人？

$$n = \frac{Z^2 \sigma^2}{E^2} = \frac{1.96^2 \times 3\,000^2}{500^2} = 139$$

通过计算可知，样本数应不少于 139 人。

② 估计总体比例 P 的样本量的确定

估计总体比例 P 的样本量计算方法为：$n = \dfrac{Z^2 \times P(1-P)}{E^2}$

上式中的符号同前。与确定估计平均数所需的样本量的过程相比，在确定估计比例 P 时有一个优势：如果缺乏估计 P 的依据，可以对 P 值做假设。给定 Z 值和 E 值，P 值为多少时要求的样本量最大，也就是 $P(1-P)$ 的值最大？当 $P=0.5$ 时，$P(1-P)$ 有最大值 0.25。因此，在未知 P 的情况下，通常取 $P=0.5$ 来进行样本量的计算。

③ 对有限总体的样本量修正

在进行简单随机抽样的样本量计算时，样本量的公式中没有涉及总体量。这是因为一般都假设样本量远小于总体量。但当样本量超过总体量的 10%时，就需要调整样本量了。

$$n' = \frac{nN}{n + N - 1}$$

在上式中，n' 为修正后的样本量，n 为原样本量，N 为总体量。

三、第三阶段：整理汇总

完成了第一阶段和第二阶段的任务以后，就可以开始第三阶段的工作，这个阶段包括两项工作：调查资料的整理和分析。

调查资料的整理和分析是指运用科学的方法对调查所得的各种原始资料进行审核、初步加工和综合，使之系统化和条理化，从而以集中、简明的方式反映调查对象总体情况的过程。该过程可以分为两个步骤进行：资料整理和数据分析。

1．资料整理

调查问卷的整理过程，一般包括数据审核和插补、数据编码和录入等步骤。

（1）数据审核和插补

对已回收的调查问卷，我们需要审核所收集信息的完整性（是否漏答）、内容的一致性（所给答案是否前后矛盾）、答案的明确性（信息交代是否含糊不清）；插补是对审核过程中缺失的信息进行补充或用合适的数值替代，确保得出内在一致性的记录。对缺失信息的处理方式有问卷作废、数据插补和回访调查三种。

① 问卷作废：对有较多问题未回答或不符合被调查者的关键特征的，通常将这类问卷作废；

② 数据插补：对个别问题未回答的，应留待做插补处理。插补的方法有以下三种：一种是根据前后答案项的数据进行推理插补；另一种是计算与回答者信息（性别、教育程度、职业等）相似的问卷信息的平均值，进行均值插补；还有一种是使用辅助信息及其他回答者的有效信息建立一个比例，进行比例插补（例如，相同受教育程度的工程师的收入与工作年限相关，那么某被调查者的收入=平均收入×被调查者的工作年限/平均工作年限。）

③ 回访调查：若出现相当多的问卷对同一问题没有作答的，应回访查明原因（是否存在问卷设计不当的问题），再补全信息，仍留作有效问卷。

（2）数据编码和录入

我们收集到的调研数据的呈现方式是各不相同的，如数字、日期、货币、文字等，因此需要对其进行统一的编码，使录入后的数据能够简洁、清晰地呈现在一个数据文件中，以便于后期的数据分析。编码和录入的程序如下。

① 首先将已回收的调查问卷进行编码，建立与问卷题目相关的数据文件。

② 将单项选择题、年龄、工资收入等具有唯一答案的数据信息直接录入。

③ 将多项选择题、多选并排序题的选项按答案的编排顺序进行编码再录入。

④ 将开放式问题的答案进行整理和合并，总结出相似的答案，再进行重新编码和录入。

以下列问卷和 Excel 工具为例，问卷如下。

---

1. 您的最高学历是？

　A 本科以上　　　　　　B 本科　　　　　C 本科以下

2. 您的年龄是＿＿＿＿＿岁

3. 您的月薪是＿＿＿＿＿元

4. 下列应届毕业生应该具备的职业素质，请选择最重要的三项，按优先顺序 1、2、3 填写在□中。

　□执行力　　　□学习能力　　□沟通能力　　　□协作能力

　□责任感　　　□主动性　　　□适应力　　　　□问题处理能力

5. 对在校大数据专业的大学生，您有哪些建议？

＿＿＿＿＿＿＿＿＿＿＿＿＿＿＿＿＿＿＿＿＿＿＿＿＿＿＿＿

若第 5 题的答案汇总如下。

① 加强专业学习、加强技能训练。

② 有一定的实践经验。

③ 认真学习专业课程。

④ 掌握至少 3 种专业技能。

⑤ 积极参加各类专业竞赛。

⑥ 提高与人交往、合作的能力。

则编码和录入的程序如下。

首先绘制表格以便录入编码，如图 8.2 所示。

序号	题目1	年龄	月薪	职业素质			建议		
				第一	第二	第三			
0001									
0002									
0003									
0004									

图 8.2　绘制表格

然后进行编码和录入。

a. 完成图 8.2 黄色区域的信息编码和录入。

b. 完成图 8.2 蓝色区域的信息录入。

c. 将题目 4 的选项进行编码：1 执行力、2 学习能力、3 沟通能力、4 协作能力、5 责任感、6 主动性、7 适应力、8 问题处理能力，再完成图 8.2 绿色区域的信息录入。

d. 首先完成表 8.4 所示的内容汇总和再编码，再完成图 8.2 灰色区域的信息录入。

表 8.4　答案归类和编码

答案类别描述	答案归类	数字编码
熟练掌握专业技能	1、3、4	1
积极参与实践	2、5	2
综合能力提升	6	3

数据录入后的表格如图 8.3 所示。

序号	题目1	年龄	月薪	职业素质			建议		
				第一	第二	第三	1	2	3
0001	A	27	8000	1	3	5	1		3
0002	A	35	25000	1	7	8		2	3
0003	B	24	6000	3	5	1	1		
0004	C	33	18000	2	8	6	1		

图 8.3　录入数据

2．数据分析

数据分析方法一般可采用统计学中的方法，利用 Excel 工作表格、SPSS 等统计分析工具，对数据资料进行统计处理。我们可以通过工具自带的分析功能完成统计图、方差分析、回归分析、因子分析等，最终以图像或表格等更直观的形式展现调研的结果。

例如，问卷中"企业对应届毕业生的各项职业素质的关注程度"一题，根据所获得的数据生成的统计图，可以呈现出以下结果，如图 8.4 所示。

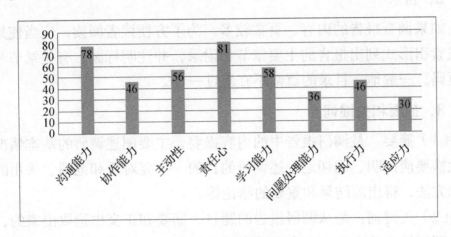

图 8.4　生成统计图

因此我们可以得出如下结论：统计显示企业对应届毕业生的职业素质各维度关注情况：最关注的是责任心，其次是沟通能力，再次之是学习能力，最后才是适应能力。

第三节　撰写调研报告

撰写调研报告是整个调研过程的最后环节，是市场调查所有活动的综合体现，是调查结果的集中体现。其撰写水平高低将直接影响到整个调研成果的质量。一份优秀的调查报告，能对企业的市场活动提供有效的指导。

一、调研报告的结构

调研报告是通过文字、图形等形式呈现调研结果的一种方式，其格式一般由标题、目录、摘要和关键词、正文、结论与建议、附件等几部分组成。

1．标题

标题和报告日期、委托方、调查方，一般应打印在扉页上。

一般在与标题同一页，还把被调查单位、调查内容明确而具体地表示出来。有的调查报告还采用正、副标题形式，一般正标题表达调查的主题，副标题则具体表明调查的单位和问题，如《高校发展重在学科建设——××大学学科建设实践思考》。

2．目录

如果调查报告的内容、页数较多，为了方便读者阅读，应当使用目录或索引形式列出报告的主要章节和附录，并注明标题、有关章节号码及页码。一般地，目录的篇幅不宜超过一页。

3．摘要和关键词

（1）摘要：是调研报告中的内容提要，主要阐述调研的基本情况。因此摘要应简明、确切地记述调研的目的、主要对象和范围、采用的手段和方法，得出的结果和重要的结论等。

（2）关键词：是从调研报告的题目、摘要和正文中选取出来的，对表述调研报告的中心内容有实质意义的词汇，一般是 3～5 个。通常调研的关键词有：调研的主题词、被调研单位名称（企业内部调研）、调查对象等。

4．正文

正文是市场调查分析报告的主体部分。该部分必须准确阐明全部有关论据，包括从问题的提出到引出的结论，论证的全部过程，分析研究问题的方法，还应当包括可供决策者进行独立思考的全部调查结果和必要的市场信息，以及对这些情况和内容的分析评论。

在正文中相当一部分内容应是数字、表格，以及对这些内容的解释和分析，要用最准确、恰当的语句对分析作出描述，结构要严谨，推理要有一定的逻辑性。

同时正文部分一般必不可少地要阐明自己在调查中出现的不足之处，不能含糊其辞。在必要的情况下，还需将不足之处对调查报告的准确性有多大程度的影响分析清楚，以提高整个市场调查活动的可信度。

5．结论与建议

结论与建议是撰写综合分析报告的主要目的。该部分包括对引言和正文部分所提出的主要内容的总结，提出如何利用有效的措施解决某一具体问题的方案与建议。结论和建议与正文部分的论述要紧密对应，不可以提出无证据的结论，也不要没有结论性意见的论证。

6．附件

附件是指调查报告正文包含不了或没有提及的，但与正文有关必须附加说明的部分。它是对正文报告的补充或更详尽的说明，包括调查问卷、数据汇总表及原始资料背景材料和必要的工作技术报告。例如，为调查选定样本的有关细节资料及调查期间所使用的文件副本等。每一内容均需编号，以便查询。

二、撰写调研报告应该注意的问题

（1）长短适度。调研报告的长短，要根据调研目的和调查报告的内容而定。对调研报告的篇幅，做到宜长则长，宜短则短，尽量做到长中求短，力求写得短小精悍。

（2）内容客观，资料的解释要充分和相对准确。调研报告的突出特点是用事实说话。解释充分是指，利用图表说明时，图表信息要能简洁准确地反映调查事实，且要对图表进行简要、准确地解释。

（3）严禁因利益问题而修改数据和结论。

（4）报告中引用他人的资料时，应加以详细注释。

【本章小结】

市场调查是一种以科学的方法收集、研究、分析有关市场活动的手段和方法，以便帮助企业领导和管理部门解决有关市场管理或决策问题的研究。市场研究的首要工作就是要清楚地界定研究的问题，确定研究的目的；其次通过调研实施过程，收集有效信息，整理分析并预测，最终给企业提供可行的解决方案。

大数据思维方式下的调研，让我们学会权衡数据的精准性与相关性。通过对数据的分析可以为市场决策带来依据。不论使用什么样的方式，预测始终是预测，它提供的不是最终答案，只是一种辅助决策，只是为我们解决问题提供参考，以便找到最优的解决方法和方案。

你可以在下面写下自己的学习和训练体会，帮助自己进一步提高。

_____

_____

_____

_____

_____

【思考与练习】

日益崛起的大数据行业，需要哪些专业人才？他们应该掌握哪些专业技能？目前大数据技术在哪些行业得到了广泛运用？大数据专业人才的市场需求和薪酬水平如何？我们不妨通过调研实践，来深入了解一下。

1. 请任选一题，设计一份调研方案。

（1）大数据技术在各个行业中的应用情况调查；

（2）大数据专业人才的就业岗位和薪酬水平调查；

（3）大数据专业岗位应该掌握的技术和技能调查。

2. 请尝试使用大数据思维，结合你的选题，设计至少三种调查方法，完成你的调研任务。

3. 请根据你的选题，完成调研的问卷设计和样本设计。

4. 请根据你的选题，完成调研的实施和调研报告的撰写，要求如下：

（1）认真落实调研，获得丰富、真实的调研数据；

（2）结合所学的知识，尽可能多地挖掘数据中有价值的信息；

（3）调研结论与数据紧密相关；

（4）制作一份调研的 PPT 汇报材料。

参考文献

社，2013.

15. 张明，B-G.吴．嵌入式系统设计与实例开发[M]．北京：电子工业出版社，2012.

16. 人力资源和社会保障和社会保障部教材办公室．职业道德与法律[M]．北京：人民出版社，2011.

1. 阚雅玲，吴强，胡伟．职业规划与成功素质训练[M]．北京：机械工业出版社，2015.

2. 覃彪喜．读大学，究竟读什么[M]．广州：南方日报出版社，2012.

3. 尤君．职业素质基础教程[M]．北京：化学工业出版社，2010.

4. 周玲余，杨正校．IT 职业导向训练[M]．北京：中国水利水电出版社，2015.

5. 唐振明．IT 职业素养训练[M]．北京：电子工业出版社，2012.

6. 周思敏．你的礼仪价值百万[M]．北京：中国纺织出版社，2009.

7. [加]英格丽·张．你的形象价值百万[M]．北京：中国青年出版社，2005.

8. 楛藤子．二十几岁要懂得的社交礼仪[M]．北京：华夏出版社，2010.

9. 李再湘．教师专业成长导引综合素质与专业素养[M]．长沙：国防科技大学出版社，2008.

10. 劳泰伟，蒋漓生．就业与创业指导[M]．北京：中国农业出版社，2009.

11. 风笑天．社会调查原理与方法[M]．北京：首都经济贸易大学出版社，2008.

12. [美]约翰·惠特默．高绩效教练[M]．北京：机械工业出版社，2013.

13. 维克托·迈尔·舍恩伯格，肯尼思·库克耶．大数据时代——生活、工作与思维的大变革[M]．盛杨燕，周涛，译．杭州：浙江人民出版社，2013.

14. 胡秀霞．团队合作能力训练[M]．北京：北京师范大学出版社，2013.

15．耿勇．Excel 数据处理与分析实战宝典[M]．北京：电子工业出版社，2017.

16．人力资源和社会保障部职业技能鉴定中心．信息处理能力训练手册[M]．北京：人民出版社，2011.